空中交通多尺度行为模式识别方法

丛　玮　郑洪峰　谢　华　朱　睿　曾维理　编著

人民交通出版社股份有限公司
China Communications Press Co.,Ltd.

内 容 提 要

为了清楚辨识空管系统并客观判定系统运行的瓶颈问题,本书对反映空中交通系统本质状态的多重行为进行了全面剖析,科学挖掘各类行为的分布模式和演变规律,有助于较准确地制定规划方案,全面提升系统运行效能。本书采用宏观与微观相结合、从个体到关联的思路,通过分析来自不同对象的多维行为,逐步建立多尺度行为模式的识别方法。本书共分为六章,主要内容包括绪论、机场交通行为特征分析、扇区交通行为模式识别、管制员行为规律挖掘、交通行为与管制员行为关联特性分析、总结与展望。

本书面向空中交通管理、交通数据挖掘等专业方向,可供从事空中交通管理研究的工程技术人员以及高等院校相关专业师生参考。

图书在版编目(CIP)数据

空中交通多尺度行为模式识别方法 / 丛玮等编著.
—北京 :人民交通出版社股份有限公司, 2019.6
ISBN 978-7-114-15499-7

Ⅰ. ①空… Ⅱ. ①丛… Ⅲ. ①空中交通管制 Ⅳ.
①V355.1

中国版本图书馆 CIP 数据核字(2019)第 082280 号

书　　名:空中交通多尺度行为模式识别方法
著 作 者:丛　玮　郑洪峰　谢　华　朱　睿　曾维理
责任编辑:陈　鹏
责任校对:张　贺
责任印制:张　凯
出版发行:人民交通出版社股份有限公司
地　　址:(100011)北京市朝阳区安定门外外馆斜街 3 号
网　　址:http://www.ccpress.com.cn
销售电话:(010)59757973
总 经 销:人民交通出版社股份有限公司发行部
经　　销:各地新华书店
印　　刷:北京虎彩文化传播有限公司
开　　本:787×1092　1/16
印　　张:9
字　　数:225 千
版　　次:2019 年 6 月　第 1 版
印　　次:2019 年 6 月　第 1 次印刷
书　　号:ISBN 978-7-114-15499-7
定　　价:40.00 元
(有印刷、装订质量问题的图书由本公司负责调换)

编委会成员

前言
PREFACE

当前,随着航空运输业的快速发展,空中交通需求不断增加,空域拥挤现象日益严重,机场航班延误现象愈发频繁,管制员保障压力也日趋加大。种种迹象表明,空中交通的规划者和管理者需要及时采取有效的管控技术,以便调配流量分布,科学利用空域资源,优化机场航班时刻,减轻管制员工作负荷,通过积极采取相关措施,实现空管系统的转型升级,最终全面提升系统的运行效能。然而空管系统的复杂性,导致其内部行为规律的多样性,如果没有通过大量数据对不同态势下的多种行为进行挖掘分析,探究其分布特性,而只是笼统定性地表述其特征,必然不能精确地区分不同对象的行为差异,因时制宜地采取策略。因此,为了保证各项举措的客观性和针对性,首先需要基于海量的运行数据,挖掘提炼空中交通系统中多个对象的运行特征。

全书以空中交通多尺度行为模式识别方法研究为总体目标,分别针对空中交通系统中的两类交通行为、管制员行为(通信行为和眼动行为)以及交通行为与管制员行为的关联展开了识别方法的研究,根据不同类型的行为及数据,分别建立科学的分析模型和方法,确定不同行为的特性规律。第一章是绪论,针对当前国内外的研究现状,分别围绕机场交通行为、扇区交通行为、管制员行为、交通行为与管制员行为关联四个方面,逐一具体介绍,指出现有研究的成果与不足。第二章至第四章分别对机场、扇区以及管制员的行为模式进行挖掘研究。第五章以第三章和第四章为基础,分别选取定量表征扇区交通行为和管制员行为的指标,分析了两种行为的信息交互模式。第六章进行了总结与展望。

空中交通多尺度行为模式识别方法有助于识别机场和扇区的交通行为模式，分析管制员行为规律，探索交通行为与管制员行为的相互关系，对于全面提升空管系统的各项运行效能，具有重要的意义。根据本文研究内容与成果，主要创新工作如下：

(1)从内在属性和关联特征两种视角，分析了机场交通行为的多重特性。利用混沌特性分析方法，检测出具有混沌现象的机场以及对应的交通行为；基于机场交通行为（流量和延误架次）之间的关联性，分别采用谱聚类算法，识别了所有机场的分布规律，利用自组织临界理论，对比剖析了聚类结果中各类机场交通行为关联性在时空维度的分布特征，证明了自组织临界特性的存在。

(2)基于多维指标体系，识别了扇区交通行为的固有属性和分布模式。结合已有研究成果和扇区交通运行特性，建立了量化反映扇区交通行为的三类指标体系；采用混沌特性分析方法，检测出扇区样本中普遍存在混沌特性的交通行为，明确了扇区交通行为与机场交通行为的共性；基于指标体系构建了两种扇区交通行为的聚类分析方法：①利用主成分分析法高度精炼了同类指标的表达内涵，利用主成分聚类识别了多个扇区在同类指标综合作用下的行为模式；②建立了基于DTW的K-medoids聚类算法，识别了不同扇区在单个交通行为下的分布模式。

(3)基于通信行为和眼动行为，挖掘了管制员行为的统计规律。通过去趋势波动分析法，检验了管制员群体和个体通信行为的长程相关性，采用最大似然估计法，评估了通信行为间隔时间的概率分布模型，分析了扇区类型对分布模型的影响；选取扫视和注视作为眼动行为分析指标，利用统计方法，对比了管制级别对眼动行为分布规律的影响，也借助最大似然估计法，分析了管制员注视持续时间和扫视速度的概率分布特征。

(4)采用相关性分析方法，研究了交通行为和管制员行为的关联特征。在交通行为和管制员行为的研究基础上，建立了两类行为的指标组合，利用皮尔森相关系数和斯皮尔曼相关系数，定量分析了“眼动—交通”“通信—交通”指标组合的相关性分布规律；以眼动行为与交通行为组合为例，使用转移熵，进一步分析了两种行为的信息交互模式。

作者自攻读博士学位期间至今，一直从事空中交通系统行为模式识别方法方面的研究和实践工作。本书反映了作者近年来在该领域的研究成果，希望能够为从事空中交通管理的工程技术人员及高等院校相关专业师生提供相应参考。在编写过程中，作者查阅了大量的参考资料，力图客观、全面地反映空中交通系统中多种行为模式识别方法研究的最新成果。由于空中交通系统存在着多层级、多尺度的涌现行为，如何了解并掌握各类行为的时空演化规律，是一个具有挑战性的难题，也是提升空管系统运行效能的关键性问题，加之作者才疏学浅，因此书中难免有错误和不足之处，恳请广大读者批评指正（联系邮箱 congweibailibing@163.com）。

作者在研究过程中得到了南京航空航天大学胡明华教授以及国家空管飞行流量技术重点实验室诸多同仁的指点帮助，十分感谢他们的付出，特别感谢张晨师兄、王艳军师兄和董斌师弟的诸多启发和探讨。本书的有关科研工作依托国家自然科学基金项目（No. 61304190）及民航局空管局科研项目的大力支持，在此表示诚挚的感谢！

从　玮

二〇一九年二月

目录
CONTENTS

第一章 绪 论

2018 年，在世界经济增速放缓，国内经济下行压力较大的情况下，中国民航仍保持了稳中有进的良好态势，主要运输指标继续保持平稳增长：2018 年全行业完成旅客运输量约 61173 万人次，比上年增长 10.9%；全国民航运输机场完成旅客吞吐量 12.65 亿人次，比上年增长 10.2%；完成起降架次 1108.83 万架次，比上年增长 8.2%；全行业运输航空公司完成运输飞行小时 1153.52 万小时，比上年增长 8.9%[1]。航空运输业的持续发展，不仅促进了空中交通需求的飞速增长，也对我国空中交通管理系统带来了巨大的挑战。与欧美等航空运输发达国家相比，我国航空运输业起步较晚，在空中交通管理运行概念、管理机制、技术方法、基础设施、人员能力等方面，都存在较大差距。因此，在空中交通需求日益增加的巨大压力下，我国航空运输可用的空域资源日趋紧张，交通运行态势复杂多变，管制员保障任务愈发繁重，航空延误时间仍相对较高。

为实现全球空管协同发展，早在 2012 年，国际民航组织（ICAO，International Civil Aviation Organization）在整合美国和欧洲航行计划的基础上，推出了全球空中航行计划和航空系统组块升级计划（ASBU，Aviation Systems Block Upgrades）。全球空中航行计划是为期 15 年的滚动发展规划，旨在为 2013—2028 年的全球空中交通发展提供指导。ASBU 共包含 4 大效能改进领域，领域 3 的主题是“最佳容量和灵活飞行”，包含了自由航路飞行、网络运行、机载间隔等模块，其中自由航路飞行模块提出：根据具体的交通模式，灵活调整航路安排，提高航路安排的可能性，减少可能在主航路和繁忙交叉点发生的拥挤现象，减轻管制员工作负荷，并将交通复杂性引入到空管领域等；网络运行模块也提出了通过最大限度地减少延误的发生和最大限度地提高空域利用率来管理交通流量。此外，美国正在实施下一代航空运输系统计划，预计到 2025 年将基本满足各类机型空中飞行需求，为航空用户提供更多选择；欧控正在实施“单一天空”计划，预期实现欧洲高空空域的统一协同，最大程度地提高空域运行的安全、容量和效率。由安全、高效等终极目标所决定，全球空管系统已经提出了清晰、具体的效能目标及分解指标。为了解决我国航空运输事业的长期矛盾和发展瓶颈，亟需结合国际空管发展趋势，针对当前我国航空运输系统存在的各项不足，科学制定规划方案，提升系统运行效能。

在空中交通系统中，管理者通常以某类效能为主要优化目标，通过空域与流量的协同管理，首先宏观调整空域/机场网络交通流的时空分布，然后在单个扇区/机场内微观控制部分航空器的状态，此外还需要通过增加自动化的辅助决策系统或设备，延伸管制员的认知能力，提升管制员的工作效率。但是，不管在任何阶段以何种方式管控，了解并掌握空中交通系统内各类行为的基本属性，都是效能管理的重要前提。在空中交通系统内，存在着多层级、多尺度的涌现行为。机场作为航班运行的起点和终点，主要保障航班的过站、滑行等；除起始点外，航班便在扇区内沿着不同方向的航路/航线飞行，因此机场或扇区作为航空运输系统中的重要节点，均在运行中承载了复杂时变的交通行为，而两类交通行为是否具有相似的非线性特征，仍是待解决的重要难题之一。此外，机场之间通过航班密切连接，相互影响较为频繁，任一重要机场的状态扰动，均可能经过上千公里传播至其他机场，最终引发网络层级的连锁反应，如何解析机场交通行为之间的关联特征，探索在机场相互作用下宏观层级的涌现性质，仍是需要解决的重要难题之一。在扇区运行时，受到各类因素影响，航空器机动调整，航空器之间汇聚离散，在交互耦合中定格为复杂的飞行态势，形成了特征各异的交通行为，如何针对扇区交通行为的多重模式，开展全面深入的挖掘分析，仍是待解决的重要难题之一。管制员密切关注雷达屏幕，监控航班实时动态，发布语音指令，协调航班状态，如何利用观察监视的眼动轨迹和指挥调度的语音通信活动，挖掘管制员的行为规律，总结其处理任务、分配注意力的模式，仍是待解决的重要难题之一。管制员能够影响交通流的实时分布和运行状态，而具体的交通态势也会影响管制员的认知行为，如何分析两类行为的交互模式，也是需要解决的重要难题之一。

因此，为了最大限度地利用时空资源，在精细化管理下提升空管系统运行效能，本文首先从宏观和微观两种视角，分析了两类典型的交通行为，然后围绕空中交通的主要决策者——管制员，识别了其行为规律，最后探索了交通行为与管制员行为的关联特性，提出了基于数据挖掘理论的空中交通多尺度行为模式识别方法，旨在：

(1)审视两种交通行为的共性：通过对机场交通行为和扇区交通行为内在属性的检验，判断两类交通行为是否具有共同的性质；

(2)辨析机场交通行为的关联特征及涌现特性：基于机场交通行为的关联特性，分析所有机场的分布规律；根据机场交通行为关联性时空维度的分布趋势，检验交通行为关联网络的自组织临界性；

(3)识别扇区交通行为的分布模式：构建扇区交通行为指标体系和聚类分析方法，基于多维指标体系识别扇区交通行为的分布模式，对比分析不同扇区的交通行为特性；

(4)分析管制员行为的基本规律：利用通信行为和眼动行为作为分析对象，检测管制员行为的内在属性，评估管制员行为的分布特征，对比管制级别等因素对管制员行为的影响；

(5)探寻交通行为和管制员行为的相互关系：针对目前国内外对两类行为关联分析较少的情况，选取合适的指标和相关性分析方法，定量描述两类行为的关联特征，分析两者的相互影响规律。

在自然界中，形形色色的物体呈现出不同的形态，需要不同的观测尺度。例如，建筑物常用“米”测量，分子用“纳米”衡量，一个形象的类比是在使用百度地图时，我们可以滑动鼠标来改变地图的尺度，从世界地图聚焦到中国地图，继而聚焦到江苏省乃至南京市。在空中交通系统中，根据研究对象的不同，涉及的尺度也随之多样化。当分析机场交通行为之间的关联特征乃至相互作用规律时，所有机场形成的作用范围能够覆盖整个地区、国家乃至全球，时间跨度也很广，是一种宏观的“大尺度”行为；当分析单个机场时，可以视为航空运输系统中的一个节点，其交通行为的尺度相对较小。扇区作为空域的基本组成单元之一，从空间维度来看，扇区交通行为尺度不大；由于扇区管制员单次连续值勤时间不超过 2 小时，所以单个管制员的行为尺度既受制于扇区范围，又受自身工作时间限制，在时空维度上尺度均较小。因此，扇区交通行为和管制员行为均是“小尺度”的行为。此外，多尺度在本书也隐含多维度、多层级的意思，表示研究对象的维度较多，与多种不同属性的行为相关。

立足本文的研究内容，本章首先从机场交通行为、扇区交通行为、管制员行为、交通行为与管制员行为关联(以交通行为与管制负荷的关联分析为主)等四个方面着手,对相关内容的国内外研究情况进行梳理分析。

1.1 机场交通行为

目前以单个机场为对象的研究多集中于两方面:①运用各类方法评估机场的运行效能,包含容量、效率、延误、环保、安全、经济效益等关键效能领域;②构建航班管控模型,设计优化算法,高效利用时隙资源,减少机场航班延误,提高经济效益及旅客满意度。虽然上述研究有助于挖掘机场潜力,充分提升了机场运行效能,但对机场交通行为可能存在的内在属性,如复杂性、混沌等,却没有展开进一步分析和提供有借鉴意义的分析方法,故本书没有罗列该类研究的相关成果。

当以多个机场为分析对象时,主要聚焦两类研究方向:①围绕多机场(Metroplex)的终端区,建立协同优化模型,优化航班排序,综合提升多机场运行能力,由于该类研究不是本书的主要工作,所以没有参考相关文献;②运用复杂网络理论,以机场为节点,构建机场网络。在机场网络中,航路/航线使机场之间产生了关联,即为网络的边,机场之间的关联强度通常由连接机场的航班数量、座位数量或旅客数量等表示,即为边的权重。与机场网络相比,航空网络范畴更大,基本组成对象(节点)更加多元,分析角度更加多维(如航空公司、空管)。虽然机场网络只是航空网络的一种,但两者的研究思路与方法较为类似。由于目前对机场交通行为关联特征的直接研究较少,因此需要借鉴航空网络方面的研究成果来开展机场交通行为关联特征的研究。经过梳理,本节将从以下三个方面介绍已有研究:①航空网络演化机制;②航空网络抗毁性;③航空网络动力学特性。

(1)航空网络演化机制

网络演化研究主要立足于网络结构的形成与发展过程。在复杂网络理论中,有关学者一直试图解释复杂网络的演化机制,并提出了 BA、AK、BBV、DM、HK 等众多网络演化模型。除了分析演化模型,利用复杂网络的统计指标也可以推演网络长期演化规律,判断外部影响因素与网络结构的关系。航空网络的演化机制,反映了网络中机场(节点)数量、机场之间的交通关联程度(边和权重)逐步变化时,网络结构的演化趋势。

国外学者相关研究情况如下:2004 年,R. Guimera 等人基于世界航空网络的实际数据,建立了航空网络演化模型,新的模型可以较好地解释当前网络的特征[2]。2012 年,Jimenez 等人研究了葡萄牙机场网络从 2001 到 2010 年的演化规律,结果表明网络较为分散,并且廉价航空公司对网络的演化影响较大[3]。2014 年,Tatsuya Kotegawa 等人提出了一种用于分析美国航空网络演化行为的网络构建算法,结果显示当网络呈现明显的无标度属性时,网络性能较高,但鲁棒性较差,当网络趋向随机时,网络性能较低但鲁棒性更强[4]。2015 年,Sebastian Wandelt等以国家为节点建立了全球航空网络,该网络具有无标度和小世界属性,将逐渐演变为对称的和传递闭包的网络,节点之间连接将越发紧密[5]。在国内,相关学者也开展了相应的研究。2005 年,于海波研究发现在 1988 年至 2003 年间,中国航空网络出现了从无标度网络结构向随机网络演变的趋势,演变过程反映了市场从有序向混沌无序的发展过程[6]。2009 年,刘宏鲲等人发现利用几何距离或城市规模作为优先连接的指标,无法展现中国航空网络的度分布特征，但以第三产业产值作为优先连接指标的网络演化模型，可以较好地复现真实网络的拓扑特征[7]。2010 年，Zhang Jun 等人分析了从 2002—2009 年中国航空网络的历史数据，结果表明航空网络保障旅客数和货运数与 GDP 线性相关，机场保障的旅客数和货运数与度值幂律相关[8]。2011 年，钱江海等人研究发现中国航空网络节点的度与 GDP 呈线性关系，表明网络拓扑结构与经济因素密切相关，而网络的演化过程表现为指数增长[9]。2014 年，王姣娥等人对中国航空网络 1952—2008 年的演化过程进行了剖析，发现航空网络具有明显的增长特性，呈现出向小世界网络和无标度网络演化的趋势[10]。虽然以上研究在分析网络演化机制时利用了机场之间的连接特征，但重点关注的只是所有机场呈现的拓扑结构，尚没有挖掘交通行为关联时可能涌现的其他属性。

（2）航空网络抗毁性

抗毁性是网络拓扑结构（点、边等）被破坏后，网络系统的可靠性和稳定性。根据破坏选择的方式，有两种攻击策略：①随机攻击，是指随机移除网络中的节点，选择任一机场令其失效，则该机场不再产生交通行为，也无法与其他机场关联；②蓄意攻击，是指按照节点度值从大到小顺序移除部分节点，首先令通航程度高的机场失效。

目前，在网络可靠性分析中最为广泛认可的观点是 2000 年由 Albert 等人提出的：具有幂律分布特征的无标度网络在面对随机攻击时鲁棒性很强，但较大的节点被蓄意攻击时网络就非常脆弱，仅在少数节点被破坏后，网络就迅速陷入瘫痪[11]。2013 年，Murad Hossain 等人对澳大利亚机场网络进行了分析，定义了网络可达性和改航成本等评估指标，结果表明，与按度降序攻击相比，网络中的点或边对随机攻击抵抗力更强；与边遭受攻击相比，网络中的点遭受攻击时评估指标下降得更快[12]。2014 年，Oriol Lordan 等人构建了全球航空网络，利用仿真模拟机场遭受攻击，结果表明在蓄意攻击时网络抗毁性较弱，按照介数排序选择的通常都是网络的核心机场[13]。2010 年，Dong Bing 研究发现，当中国南方航空公司航线网络中两个度最大或介数最大的点移除后，利用平均路径长度和集聚系数评估可知网络性能下降了一半[14]。2015 年，Sebastian Wandelt 等人提出了一种蒙特卡洛仿真算法寻找最佳攻击的策略，选取了四种攻击模式：静态攻击、交互攻击、动态攻击和搜索最佳攻击（利用）进行对比，根据澳大利亚、德国等四国的航空网络进行实证分析，结果表明基于网络结构指标的攻击策略在攻击两次时已经无法取得最优解[15]。针对航空网络的抗毁性，国内学者也开展了相应的研究。2011 年，曾小舟对中国航空网络进行抗毁性分析，使用网络效率、最大子集团尺寸和集聚系数作为度量指标，分析不同的攻击模式下，网络性能的变化，结果表明按介数排序攻击比按度排序攻击对网络的破坏更大[16]。2012 年，党亚茹等人对 2001—2010 年中国航空网络进行了实证分析，利用最大连通子图尺寸下降率等指标分析可知，航空网络抗毁性有逐年提高的趋势，但依然对蓄意攻击非常敏感，网络的可靠性由少数机场决定[17]。2013 年，徐伟举分析了不同攻击策略对网络抗毁性的影响（最大连通子图相对大小），在随机攻击下，美国航空网络的抗毁性较强，抗毁性基本上与随机删除节点的数量成正比；在蓄意攻击下，抗毁性最差，攻击少量节点就能使整个航空网络陷入瘫痪[18]。2015 年，陈娱等人对中国航空网络的可靠性进行了分析，使用最大连通子图相对大小、全局效率等作为评价指标，结果表明在随机攻击下航空网络的可靠性较好，基于机场加权中介中心性的蓄意攻击能够最迅速地导致网络崩溃[19]。

上述研究成果表明，当重要机场（节点）、重要机场与其他机场之间的交通关联（边）不存在时，机场乃至航空网络的可靠性将遭受巨大的影响。同理，当机场交通行为的关联特征变化时，机场网络的交通特性也会产生较大变化。

（3）航空网络动力学特性

该方面的研究主要指建立航空网络动力学模型，分析航空网络某种状态或信息的转移过程、影响转移过程的因素等相关问题，最终实现预测和控制航空网络行为的根本目标。该方面在航空领域的研究只有部分是以复杂理论为基础，因此，分析研究现状时将不局限于复杂网络模型。在国外，该方面研究情况如下：2009 年，Lucas Lacasa 等人利用复杂网络理论建立了机场网络模型，基于大量仿真实验，对比了在不同交通密度下网络的相变规律，发现当交通密度较大时，网络很快由自由态演变为拥堵状态[20]。2013 年，Pablo Fleurquin 等人定义了机场网络拥挤程度的指标，并引入了一种新的模型可以复现美国机场网络的延误传播模式，分析表明航班之间旅客和机组的连接性是导致延误传播的重要内部因素[21]。2013 年，Nikolas Pyrgiotis 等人引入近似网络延误模型（由排队模型和延误传播算法组成），可以计算由于单个机场局部拥挤引发的延误，通过将该模型应用到美国本土 34 个最繁忙的机场中，可以发现延误传播倾向于“平滑”机场每天的需求剖面并将更多的需求推到晚间的时段，该类现象在枢纽机场尤为明显[22]。2014 年，Bo Zou 等人分析了航班延误对票价和飞行频率的影响，评估表明航空公司试图通过票价将延误成本转嫁到旅客身上，而延误可以提升飞行频率[23]。2014 年，Patrick Baumgarten 等人从美国航空公司网络的视角分析了枢纽活动和航班延误之间的关系，建立了枢纽集中度指标评估航空公司网络的集中程度，分析结果表明航空公司利用预留时间可减轻旅客所感受到的延误，因此，航空公司在制定航班计划时需要考虑预留时间[24]。2016 年，Nabin Kafle 等人提出了一个新的计量分析法，利用分析模型可以从三个方面分析同一航班的延误如何从上游传播到下游，利用离散连续经济模型等方法量化评估不同因素对延误传播的影响，结果表明延误可以被航班计划中的预留时间吸收，利用该模型可以帮助航空公司更好地优化计划，设计预留时间[25]。2016 年，Bruno Campanelli 等人使用两个基于智能体的模型模拟了航班延误传播过程，对比了美国和欧洲航空网络的延误水平，结果表明，与时隙优先系统的策略相比，先到先服务的管理方式会导致更严重的拥挤[26]。在国内，相关研究情况如下：在 2015 年，邵荃等人构建了一种有向有权的复杂网络拓扑结构模型，分析了网络中单个机场节点的航班延误可通过邻居节点波及其他节点的特性，探索了延误航班在机场内的横向波及和机场间的纵向波及效应[27]。同年，吴凡利用大量历史数据建立了航班延误网络，利用复杂网络理论证实延误网络也具有小世界和无标度属性，而无标度网络由于存在核心节点，更容易导致延误的积累和传播[28]。除了复杂网络模型外，Petri 网、贝叶斯网络等模型也被广大学者用于分析网络中航班延误的传播问题，如描述延误的传播过程，优化策略对延误的影响等[29-30]。

综上，国内外学者对航空网络的研究，很大程度上仍是识别航空网络拓扑结构的统计规律和演化特征（演化机制、抗毁性），不管机场网络受到内部或外部因素的影响，最本质的变化仍体现在机场数量和机场之间连接强度。但在以往研究中，仅用航班数量、座位数量或旅客数量这种单一的统计结果，表示机场之间的连接强度，没有充分利用机场的交通行为反映机场之间的关联程度。在当前的网络动力学研究中，主要以分析延误行为的传播、吸收过程为主，没有考虑所有机场之间的相互作用，对于其他形式的交通行为，也缺乏相应的研究。因此，挖掘机场交通行为内在的非线性规律，考虑机场交通行为之间关联特征的表达方式，分析机场相互作用下的涌现特性，这些将是本书对机场交通行为的研究重点。

1.2 扇区交通行为

从20世纪90年代起,很多学者就逐渐认识到空中交通系统的复杂性特征,并对其进行了研究。在空管系统的相关研究中,复杂性一直以多种多样的形式存在,如:空中交通复杂性、空域复杂性、管制复杂性、认知复杂性、交通流复杂性等,虽然名称不同,侧重点略有区别,但在研究内容和方法上存在着一定的共性:分析空域内复杂交通行为的影响因素,提炼复杂性指标,建立指标体系,构建评估方法。因此,梳理已有成果中的复杂性指标对于归纳扇区交通行为的影响要素,量化分析扇区交通行为具有基础性的支撑作用。

一直以来,航空器数量/密度都是反映交通行为最基础、最常用的指标。在美国,将15分钟间隔内最大航空器数量设为峰值航空数量,为流量管理机构提供决策支持,例如基于该指标决定是否采取改航策略[31]。在欧洲,流量管理人员依据扇区内航空器数量与容量的匹配情况评估交通负荷,进而决定开扇或合扇;增强的交通管理系统便是利用流量预测值与扇区所能接收最大航空器数量对比,提供辅助决策[32]。

1964年,Bar-Atid Arad 提出扇区面积、平均间隔、爬升/下降航空器数量、频率拥挤、交叉航路数量等指标,作为影响空域复杂性的重要因素[33]。1995年,航空无线电技术委员会(RTCA,Radio Technical Commission for Aeronautics)首次提出“动态密度”概念,用于定量描述空域复杂性,其中涉及交通密度、间隔标准和交通流复杂性等因素[34]。1998年,I. V. Laudeman 等建立了第一个定量刻画动态密度的数学模型,模型包含航向改变超过15度的航空器数量、空速改变大于20节或0.02马赫的航空器数量、高度改变超过750英尺的航空器数量、欧氏距离0—5海里内不涉及冲突的航空器数量、欧氏距离5—10海里内不涉及冲突的航空器数量、水平距离0—25海里以内涉及冲突的航空器数量、水平距离25—40海里以内涉及冲突的航空器数量和水平距离40—70海里以内涉及冲突的航空器数量等8个影响因素,动态密度模型能够解释管制员55%的任务负荷变化,而同样条件下交通密度仅能说明其中33%的变化[35]。2000年,D. Delahaye 等人利用航空器对的相对距离与相对速度作为分析交通态势的基本要素,分析航空器的相对交通密度、汇聚性、分散性和灵敏性,客观了解空域运行状态和演化规律[36]。2001年,G. B. Chatterji 等人认为空域复杂性是空域结构和交通流相互作用的结果,但空域结构一般相对稳定,而交通流复杂性可以通过航空器架次、航空器对间隔分布、爬升/下降/平飞航空器比例、速度混杂比、相对速度、平均冲突预计时间、最小冲突预计时间、冲突解脱难度等16个指标反映[37]。2002年,Jonathan M. Histon 等人通过问卷调查的方式确定了影响管制员认知复杂性的三大因素:交通因素、空域因素和运行限制,其中交通因素包含交通密度、航空器对距离、相对速度、机型、性能差异、移交时间等[38]。2003年,Masalonis 等人总结了 NASA Ames 研究中心、联邦航空局等提出的4类动态密度模型,共涉及41种复杂性指标,在此基础上,作者提炼了12个复杂性因素,包括航空器数量、告警参数、扇区体积、速度改变超过10节的航空器数量、预计发生冲突的航空器对数量等,重新建立了动态密度简化模型[31]。2003年,Anton Koros 等人对塔台管制复杂性进行了现场研究,来自6个塔台的62个管制专家从管制的视角对9类29个复杂性因素进行了评价,分析结果表明较多的航空器数量、频率拥塞和跑道/滑行道结构对所有塔台和管制席位而言均是主要的复杂性因素[39]。

2003 年,Christien Raphaël 等人结合运行经验将管制任务分解为两类:只与航空器个体有关的和涉及航空器对关系的,并利用该思路筛选了反映交通行为的复杂性指标,包括航空器数量、航班类型、爬升/下降的航空器数量、冲突数量、冲突类型、间隔标准、交通密度、小的航路汇聚角、交通流熵等,依据交通行为复杂性对欧洲空域 677 个扇区进行了聚类,每类扇区均具有不同的交通行为模式[40]。2004 年,Hilburn 等在 COCA(Complexity and Capacity)计划背景下对空中交通管理中的认知复杂性进行了梳理,总结了 108 项复杂性因素,主要分为机场、空域、冲突、协调、飞行高度层、飞行时间、无线电通话、交通密度、交通混合、天气等多类集合,每一类中又包含了若干具体因素,其中与交通相关的因素在分析交通行为时仍可借鉴学习[41]。2005 年,Steve Penny 等人采用决策树和 K 均值聚类方法,利用航班数量、延误、经济性等 9 类指标代表航班每天的运行状态(特征向量),并利用特征向量对多个历史日期进行聚类分析,识别出多种运行模式,例如天气条件良好时交通量较大、恶劣天气下航班取消率高等[42]。2006 年,Gianazza 等人将航空器数量、航空器数量的平方、速度标准差、速度标准差与平均速度的比值、航空对最小水平距离、预计大于 20 度水平交叉角的汇聚航空器数量等指标定义为复杂性变量输入,使用神经网络模型,对直接反映管制员工作负荷的扇区划设状态进行预测,总体预测准确率为 83%[43]。2006 年,Geraldine M Flynn 等人根据欧洲扇区的实际运行特征,选择了机型混合比、可用空域、扇区体积、航班相互作用等 9 个复杂性指标,利用指标为每个扇区建立了一张复杂性 ID 卡,当扇区结构调整时,通过对比复杂性评价,调整策略的优劣,并基于决策树法将 Maastricht 高空管制区内所有扇区按照复杂程度划分为高、中、低 3 类[44]。2006 年,Carol A. Manning 等人利用影响管制难度的因素描述扇区复杂性,包含是否出现恶劣天气、10 海里内航空器数量、频率拥挤程度、航空器混合指数等,利用该复杂性模型可以较好地预测管制工作负荷[45]。2007 年,Pierre Flener 等人定义交通复杂性由两部分组成:表示空域结构、使用设备与管制程序等综合影响效果的扇区归一化常数;扇区内航空器数量、接近扇区边界(距离移交点 15 海里或 4000 英尺)航空器数量与改变高度航空器数量。通过加权求和得到扇区复杂性,基于该模型通过改变航班起飞时间、调整进入扇区时间、加速/减速等策略可以较好地优化扇区复杂性[46]。2008 年,Parimal Kopardekar 等人利用逐步线性回归从 52 个复杂性变量中精选了 13 个指标,包括人员、通信、速度方差、高度方差、冲突航空器汇聚角、扇区边界航空器数量等,实验表明与基于航空器数量的模型相比,基于复杂性因素的模型能够更好地拟合工作负荷,反映其变化趋势[47]。2009 年,Parimal Kopardekar 等人再次对美国联邦航空局 William J. Hughes 技术中心、NASA Ames 研究中心等提出的 4 类动态密度模型进行了对比分析,利用回归分析挑选了影响较大的指标,包括航空器数量、交通密度、扇区体积、冲突解脱难度、距离扇区边界在临界值内的航空器数量等[48]。2010 年,Jelena Djokic 等人在总结前人研究的基础上,选取了 24 个复杂性因素,包含航空器数量、冲突次数、航空器对的汇聚/离散角度、状态改变的航空器数量等,反映了管制扇区内的复杂交通行为[49]。2010 年,Lishuai Li 等人利用多扇区规划仿真实验平台分析雷达管制员的认知复杂性,管制员选出了潜在交通冲突、爬升/下降状态、进入扇区、穿越主要交通流等影响航班复杂性的交通因素[50]。2010 年,Min Xue 等人利用仿真系统设计了空中走廊,使用冲突解脱的机动次数反映交通复杂性,仿真结果表明使用空中走廊代替扇区,可减少交通复杂性和燃油消耗[51]。2013 年,Markus Vogel 等人列举了 19 个描述空域复杂性的因素,包括航空器数量、航空器数量的平方、爬升/下降航空器数量、改变航向/速度的航空器数量、冲突水平距离、冲突垂直距离等[52]。2013 年,Song

Zhuoxi 等人对空中交通复杂性研究进行了总结,研究认为复杂性因素包含静态和动态两方面,静态因素包括航路、机场等,一般变化较少,动态因素包含航空器本身或由于管制指令造成的航空器状态变化[53]。2015 年,Toy 构建了两种扇区交通行为复杂性评估模型,一种借鉴动态密度的建模思路,包含航空器数量、平均加权水平间隔的倒数、最小水平间隔的倒数、速度标准差、平均冲突解脱难度等因素,另一种是基于航迹度量复杂性,考虑扇区面积、天气影响、违反标准间隔等因素;分析结果表明基于航迹的复杂性能够粗略反映管制工作负荷,这在未来基于4 维航迹的运行环境中可以发挥更大的作用[54]。

国内研究虽然起步较晚,但部分学者也在该领域开展了相关研究:2008 年,岳仁田等人针对空中交通的拥挤特征,分别为机场和扇区建立了以容量值为阈值的拥挤程度判别指标,通过动态变化的拥挤指标值,可以实时监控扇区或机场的交通态势,为流量管理提供基础支撑[55]。2011 年,张晨总结了 50 多个指标,对空中交通管理系统中的复杂交通行为进行了描述[56]。2012 年,张建平等人将机场塔台业务量、进近管制业务量、到达航班时间间隔安全余度、空管自动化系统告警、航班延误等作为主要影响因素,构建了繁忙终端区的评价指标集合,通过对交通行为的聚类分析,评价了运行品质[57]。2013 年,张建平等人又选择交通流密度、安全、运行效率、工作负荷等几类指标,利用 BP 网络对终端区交通行为进行分类评价[58]。2014 年,赵巍飞等人统计了同一扇区内主要航段以 15 分钟为间隔的流量时间序列,通过聚类识别出多种交通流模式[59]。

目前对交通行为的研究多从复杂性的角度,基于多类复杂交通行为因素,采用线性或非线性的方式“合成”复杂性模型,评估交通或空域的复杂程度。虽然涌现出来的指标种类和数量已颇具规模,但对交通行为本身的基础特性却缺乏深入挖掘和理解。因此目前亟须梳理反映交通行为的影响因素或量化指标,通过科学的数据分析方法识别扇区交通行为的固有特性和在不同属性下的运行模式。

1.3 管制员行为

对管制员行为的研究分别从通信行为和眼动行为两方面着手。

(1)通信行为

目前,国内外学者对管制员通信行为的研究,主要是借助语音通信数据分析工作负荷,以及进一步挖掘工作负荷与交通复杂性的关系,很少针对通信活动本身挖掘管制员的行为规律。因此,对管制员通信行为的研究还可以借鉴人类动力学的研究思路,学习对一般行为模式的分析方法,进而应用在对管制员通信行为的分析中。

由于相关研究较少,在此对国内外研究现状不做区分,共同陈述。2006 年,张蕾通过记录管制员的通信指令,用来划分其所属工作类别(监视、冲突和协调),从而基于行为总量分析来自通信的工作总负荷[60]。2010 年,罗帆等人总结了造成管制员与飞行员通信行为失误的原因,建立通信风险评估指标体系[61]。2010 年,陈晨对管制员通信行为进行了简单分析,通过累积分布发现99% 以上的管制员单次通话时长不超过7 秒[62]。2010 年,Vlad Popescu 等人对管制员通信行为的特征进行了初步研究,发现通信时间间隔符合对数正态分布[63]。2013 年,王艳军等人采集来自巴黎终端管制区的仿真数据和来自美国航路管制中心的实际通信数据对管制员行为进行了分析,拟合结果表明与幂律分布相比,通信行为更符合逆高斯分布[64]。

在人类动力学方面,近10年的研究成果较为丰硕。2005年,Barabasi对人类书信和Email两种通信行为进行分析,首次发现日常行为时间分布与假设的泊松分布不同,具有重尾特征,可以用幂律分布来描述[65]。2006年,Vázquez等人将人类行为分为幂指数为-1和-1.5的两类(后来证明该结论不全面)[66]。此后,越来越多的学者发现人类连续行为之间的间隔时间并不是随机的,它表现为在较长的非行为时期后频繁出现,电子邮件、传统信件、手机短信、手机通话、商业交易、网页浏览、在线电影评级等众多日常行为的时间间隔分布特征均可近似通过幂律分布刻画,具有重尾特性[67-77]。虽然大多数的研究成果中都选择使用幂函数直接拟合人类行为的间隔时间或等待时间分布,但分歧却一直存在:部分结果表明需要将行为分布分为双段或三段分别拟合,由幂律分布和指数分布共同构成,还有部分研究人员发现其他形态的分布更符合数据分布趋势。

可见目前对于管制员通信行为的研究更多的是利用其作为评估管制员工作负荷的媒介,但对通信行为规律的分析还相对较少。因此亟需借鉴人类动力学的研究方法分析管制员的行为特性,了解行为背后的认知机理。

(2)眼动行为

人类眼动规律的研究始于20世纪中叶,眼动行为是管制员获取信息的主要途径。目前,国内外对于管制员眼动行为的研究还相对较少,但对于飞行员、汽车驾驶员的研究则较为丰富,因此,本节将广泛参考当下对管制员、飞行员、驾驶员的眼动行为研究成果。

在管制员眼动行为研究方面,国外研究情况如下所述。2006年,Ulf Ahlstrom等人设计多种仿真场景来评估使用天气辅助工具对管制员的影响,分析结果表明当缺少天气辅助工具时,管制员眨眼时间更短,工作负荷更高,当管制员使用静态的暴风雪预测工具时(相对于动态预测工具),平均瞳孔直径更大,工作负荷也更高[78]。2010年,Leandro L. Di Stasi等人设计了三种复杂度的任务,评估采样人员在完成不同管制任务时的负荷压力,结果表明当认知负荷增加时,扫视峰值速度下降[79]。2012年,Mauro Marchitto等人分析了复杂交通态势对眼动行为的影响,结果表明当交通态势几何复杂性变大时,对大幅度的扫视行为影响较为明显,扫视峰值速度变小,扫视持续时间变长[80]。2013年,Pierre-Vincent Paubel评估了ERASMUS(航路ATM辅助工具,自动解决部分冲突)对眼动行为的影响,结果表明当使用该工具时,管制员不需要特别关注某架航空器,扫视幅度变大,注意力分布更均衡[81]。2014年,Lindsey K. McIntire等人通过静态的空中交通管制仿真任务,分析管制员眼动行为与持续注意力或警惕性的关系,结果表明当警惕性和右脑血液流速下降时,眨眼频率和眨眼持续时间上升,因此,眨眼信息可以反映唤醒水平[82]。2014年,Ludo W. van Meeuwen等人选取了不同级别(新手、中级和专家)的管制员,使用静态图片代替真实的雷达管制场景,参与者为所有进场航空器提供最佳排序,结果表明新手采用了低效的视觉问题解决策略,关注的重点往往只是交通密度较大的区域;当级别变高时,管制员能采取更加有效的检索信息方式和路径扫描策略,而越是高级别的管制员,他们的眼动行为越是相似[83]。2014年Ziho Kang等人探究了空中交通管制员在冲突监视过程中的扫视策略,令25名管制员在模拟的航路运行环境中监测冲突,分析实验数据可知,管制员的扫视模式可分为6类(圆圈、线型、扩张式、区域型、基于密度和基于接近程度),而航空器选择策略可分为3类(选择同高度的航空器、选择同高度并且汇聚的航空器、选择同高度正在接近的航空器)[84]。2014年,Jonas Lundberg等人分析了当有冲突检测工具辅助时管制员的眼动行为特征,通过分析注视时长和注视次数可以发现冲突检测工具能帮助管制员关注最重要的冲突,但同时也消耗了管制员大量的注意力,如果冲突检测是错误的,反而会影响管制员的注意力分配[85]。2016 年,Mauro Marchitto 等人利用仿真的冲突探测任务评估复杂性对认知负荷的影响,结果表明冲突会导致交通态势更复杂,需要更频繁的注视和扫视,有冲突时,注视持续时间更短而扫视峰值速度更低[86]。

在空中/地面交通驾驶环境中,对于飞行员/驾驶员的眼动行为研究则较为丰富。

在飞行员眼动行为研究方面,国外研究情况如下:1998 年,Veltman J. A 等人利用飞行模拟器探究了任务难度(穿越不同难度的隧道,附加不同难度的记忆任务)对于飞行员工作负荷的影响,飞行员工作负荷通过心跳周期、血压、呼吸以及眨眼来度量,实验结果表明,随着飞行难度的增加,工作负荷不断增大,需要处理更多的视觉信息,导致眨眼间隔时间增加,眨眼持续时间减小,但记忆任务难度增加时会使得眨眼间隔更短[87]。2001 年,Peter Kasarskis 等人对比了新手和专家飞行员在进近和着陆时的扫视行为,分析结果表明:与新手相比,专家飞行员形成了更多的注视点,注视时间较短,主要关注瞄准点和空速,对高度关注较少,总体而言专家飞行员扫视模式更好,着陆性能更佳[88]。2007 年,Steve Jarvis 等人分析了滑翔机飞行员在四转弯阶段的视觉关注区域和飞行准确性,结果表明飞行员的注意力主要分为四个兴趣区域:前方视野、右侧着陆区域、空速表以及前方和着陆区之间的区域,通常合理监控前方视野的飞行员能够更好地预防潜在事故[89]。2008 年,Angela T. Schriver 等人利用模拟飞行和眼动设备,记录对比经验对飞行员决策过程的影响,结果表明经验丰富的飞行员决策精度更高,时间更短,注意力分布更为合理,在出现故障时会更多地关注相关信息[90]。2012 年,Christopher E. Kirby研究了在低高度高速飞行中直升机驾驶员的扫视行为模式,探索了不同等级的飞行经验对扫视模式的影响,结果表明,飞行员经验越丰富,扫视速率越低,越能保持稳定的高度,此外较快的扫视速度并不代表更好的飞行表现[91]。2014 年,Wen-Chin Li 等人挑选了 20 个飞行员执行空对地仿真任务,利用头盔式眼动仪采集眼动数据,结果表明飞行员对平视显示器生成的注视点最多,其次是集成控制面板[92]。

在汽车驾驶员眼动行为研究方面,国外研究情况如下。2002 年,Geoffrey Underwood 等人设计了多组变道实验,对比新手和熟练驾驶员的眼动行为,通过注视点数量和注视时间等指标分析可知,与有经验的驾驶员相比,新手更依赖于车内后视镜,而对车外后视镜使用较少[93]。2002 年,Geoffrey Underwood 等人设计让新手和熟练驾驶员观看汽车在双向车道等多种环境中的驾驶录像,从而对比两类人员的扫视行为,分析结果表明熟练驾驶员扫视范围更广,而导致此差异的并不是因为新手需要花费过多精力控制车辆,而是两者的精神模型有差异[94]。2003 年,Geoffrey Underwood 等人设计了三种道路类型(农村、郊区及双向车道)对比新手和熟练驾驶员的眼动行为,结果表明熟练驾驶员对环境变化的灵敏度更高,注视行为转移模式更灵活[95]。2007 年,Erik C. B. Olsen 等人检验了青少年新手司机扫视水平随经验改变的幅度,当增加了 6 个月的驾驶经验后,新手扫视后视镜和左侧镜子的频率显著变高,与熟练驾驶员的差距变小,但在执行辅助任务时,新手对镜子的注视仍较少于熟练驾驶员[96]。2010 年,Avinoam Borowsky 等人分析了年龄、驾驶经验对危险感知能力的影响,结果表明有经验和年长的驾驶员能够熟练地检测到风险和潜在危险;当接近 T 形路口时,有经验和年长的驾驶员会更多地注视右侧的汇聚道路,而年轻没有经验的驾驶员只会关注前面的道路,因此,驾驶经验能够提升驾驶员对潜在危险的感知能力[97]。同年,Panos Konstantopoulos 等人通过仿真模拟设计了三种虚拟场景(白天、晚上和雨天),对比不同经验驾驶员的眼动行为特征(注视点数量、注视持续时间、瞳孔直径、水平/垂直搜索范围),研究表明,与新手相比,教练驾驶员处理时间更短,扫视范围更广(教练对侧镜使用更多),但在下雨天等视觉条件较差的环境下,驾驶员视觉搜索的有效性均会降低[98]。2012 年,Panos Konstantopoulos 等人通过让被试人员观看剪辑视频以及视频上覆盖的驾驶员眼动轨迹,来判断轨迹来自学员或教练,结果表明新手或学员能够相对正确地识别其他学员的轨迹,当场景中差异目标变多时,被试人员对学员和教练眼动轨迹的区分能力增强,所以研究提出利用观察视频也能帮助驾驶员学习正确的扫视策略[99]。2016 年,Vérane Faure 等人尝试分析眨眼指标评估驾驶员工作负荷的有效性,研究结果表明当增加辅助认知任务时,眨眼频率增加,眨眼持续时间不受影响,但目前尚不能为眨眼行为和工作负荷建立明确的关系模型[100]。

国内对管制员、飞行员以及驾驶员的眼动行为也开展了一系列研究。

国内对管制员眼动行为的研究起步较晚,研究成果相对较少。2014 年,靳慧斌等人利用雷达模拟机设置仿真实验,实验表明当发生冲突时,管制员需要通过更多的注视行为获取信息[101]。2016 年,王燕青等人设计大、中、小三种流量场景,分析雷达管制员的眼动行为,结果表明流量既对注视、眼跳、瞳孔等眼动指标有显著影响,也影响了管制员的信息搜索策略[102]。2016 年,王超等人采集了管制员和管制学生在执行冲突解脱任务时的眼动数据,结果表明采样人员对飞机标牌的关注度超过飞机本身,关注进场飞机高过离场,并且都需要多次重复的注视才能充分获取信息[103]。

国内对飞行员眼动行为研究如下:2004 年,刘伟等人通过在模拟器中执行起落航线飞行,对比高级飞行员和飞行学员的扫视策略,实验结果表明,高级飞行员的扫视策略相对简洁,注意力分配比较集中,而飞行学员的扫视策略则较为复杂,扫视范围比较广泛,注意力分配也更为分散[104]。2006 年,柳忠起等人设计了三个不同阶段的模拟飞行任务,采集了被试人员的眼动数据,选取注视点百分比、注视时间百分比和平均注视时间三个指标,通过分析对比得到了军航飞行员不同的扫视模式,他们一般对外景注视点较多,注视时间更长[105]。2012 年,Wen-Chin Li 等人通过眼动追踪研究了飞行员工作负荷与运行效能之间的关系,利用模拟飞行环境采集飞行员眼动数据,借助系统故障警告灯评估飞行员的表现,结果表明,对于液压故障监视水平较高的飞行员对于空速表有更短的总注视时间,而对注视高度表、垂直速度指示器等仪表注视时间较长,并且经验丰富的飞行员态势感知能力更强,在飞行过程中能够熟练监视空速表等,使得飞机燃料消耗更少[106]。2012 年,Xueli He 等人试图确定飞行员精神负荷与眼动行为指标之间的关系,实验结果表明,瞳孔直径、平均注视时间、注视频率、扫视频率和平均扫视速度与工作负荷关系较大,没有发现眨眼频率和工作负荷之间的关系[107]。2013 年,孙瑞山等人将飞行员获取信息的视觉区域划分为多个部分,分析被试者在各视觉区域内的状态转移概率,研究发现,被试者在观察舱内仪表盘和前窗舱外景区域时,无法在短时间内获得全部信息,需要长时间的注视[108]。同年,牛四芳等人设计仿真实验令战机飞行员完成不同的任务,借助眼动数据分析其注意力分配情况,结果显示,不同的任务下飞行员有不同的注意力分配模式,但飞行员都对座舱仪表生成了更多的注视点和更长的注视时间,当任务难度变大时,扫视幅度相应减小[109]。2014 年,Chengjia Yang 等人设置了下降、爬升、平飞三种模拟飞行场景,利用眼动行为指标研究了飞行员注意力分配问题,选取了注视点比例、停留时间百分比、平均注视时间、平均瞳孔直径和平均扫视幅度五个眼动指标进行分析,实验结果表明,飞行员在观看机舱外态势和仪表盘时眼动行为有着明显不同，三种场景下的眼动行为也各不相同(例如在下降和爬升时平均注视时间较长)，在飞行过程中飞行员花了大量时间观察机舱外的态势，而观察仪表盘的时间较短[110]。2015 年，Chen-Kai Hsu 等人挑选了 18 个战斗机飞行员，分析其执行空对地任务时的眼动行为，结果表明高级的飞行员注视持续时间更长，扫视路径更稳定，注视次数更多，如果在飞行仿真平台中增加眼动追踪系统，可以及时了解飞行员的反馈和注意力分配情况[111]。

国内对汽车驾驶员眼动行为研究如下：2009 年，郭应时选择了四种典型交通环境，分析了不同类型驾驶员的眼动行为特性，结果表明注视持续时间、水平和垂直方向视觉搜索广度、扫视幅度和扫视速度等眼动行为均随着道路条件的改变而变化，与非熟练驾驶员相比，熟练驾驶员表现出更灵活的视觉搜索模式[112]。2012 年，郭应时等人通过实车试验，分析了驾驶经验对注视行为的影响，分析结果显示熟练和非熟练驾驶人员对于不同区域的注视频次均有差异，熟练驾驶人能够采取更加高效的信息处理策略和视觉搜索策略，并且熟练驾驶人和非熟练驾驶人处理信息的优先次序也不同[113]。2014 年，郭应时等人再次利用实车试验环境采集眼动数据，以驾驶员注视区域转移模式表征参数(注视区域转移概率和注视区域分配概率)作为指标，运用主成分分析方法评价了驾驶员的熟练程度[114]。同年，张文会等人建立了高速公路超车行为仿真场景，分析该过程中的眼动行为，实验结果表明驾驶员在超车过程中，目标车辆的速度对注视频率、扫视频率、眨眼频率和平均眨眼时间等眼动行为没有显著影响，与平均扫视时间正相关，与平均注视时间负相关[115]。2014 年，邓涛等人以静态道路交通图片作为场景，将实验人员分为两组(是否有驾驶经验)观察图片，对比自底向上、自上而下两种注意机制驱动下的眼动行为特征，研究表明两种机制下眼动行为有显著差异，驾驶员在驾驶过程中有目的的注视次数较多，能更有针对性地搜索和提取感兴趣目标，其中自上而下的驱动机制能使驾驶员更有效地提取信息[116]。2015 年，牛清宁等人利用仿真实验平台采集不同人员在正常状态和疲劳状态下的眼动数据，结果表明利用眨眼频率、PERCLOS、注视方向和注视时间 4 个指标可以较为准确地检测疲劳状态[117]。

由于管制工作的特殊性质，目前对于管制员眼动行为的研究只能基于仿真运行环境，通过设置不同的实验剧本，控制交通密度、管制难度、天气、辅助设备、人员等主客观影响因素，分析对比管制员在不同剧本下的眼动行为规律，借此探索管制员在注意力分布、应激响应等深层认知行为方面的特性。亟须借鉴科学的研究思路，弥补当前国内对管制员眼动行为的研究不足。

1.4 交通行为与管制员行为关联

由于当前对管制员行为的研究本就相对较少，针对交通行为与管制员行为关联特性的研究更加稀少，因此，本节主要以交通复杂性与管制工作负荷的相关性研究现状为主。空中交通复杂性曾被定义为“管制员面临的特定交通态势的难度度量”，因此，当交通复杂性变化时，管制员的工作难度也相应地发生改变，并体现在管制员的工作负荷上。欧控实验中心 2000 年启动了复杂性和容量计划，该计划的主要目标就是利用准确的性能指标分析容量和复杂性之间的关系，一般认为扇区管制员工作负荷限制了容量，因此，找到与管制员工作负荷最为相关的复杂性因素便成为了实现该目标的途径之一。

国外学者的研究情况如下:1963年,Davis首先分析了交通密度、进场流量比例、离场流量比例以及机场数量对管制员工作负荷的影响,研究表明工作负荷与交通密度、进离场流量比例等紧密相关[118]。1985年,Earl S. Stein通过建立仿真环境,分别分析了流量、移交次数、局部交通密度等交通行为指标与管制员工作负荷的关系,利用线性回归方法可以发现管制员工作负荷与上述交通行为密切相关[119]。2001年,G. B. Chatterji等人尝试用神经网络方法建立了管制员工作负荷与航空器架次、航空器对间隔分布、爬升/下降/平飞航空器比例等交通行为因素的关系,突破了以往线性方法的局限性[37]。2005年,Paul U. Lee等人利用ATWIT评估了管制员在仿真练习中的主观工作负荷,通过与航空器数量回归分析可知,两者之间呈非线性关系[120]。2006年,Geraldine M Flynn等人以Maastricht高空管制扇区为目标,采用调查问卷的方式鉴别高强度的工作负荷与复杂的交通特性是否相关,调查结果中列出了排名前十的复杂性因素,不同扇区管制员反馈有所差异,但大多涵盖了爬升交通流与下降交通流的混合比例、交通密度、在同一点汇聚的交通流等[121]。2008年,Parimal Kopardekar等人以管制员工作负荷为因变量,复杂性因素为自变量,采用逐步线性回归法筛选了最相关的13个复杂性因素,包括人员、通信、交通密度、接近扇区边界的航空器数量、地速方差、高度方差等,建立了回归模型[47]。2010年,David Gianazza等人利用神经网络建立了工作负荷与六个交通复杂性指标(航空器数量、平均速度、15分钟内进场航空器数量等)之间的关系模型,但管制负荷仅用高中低三种状态表示[122]。

国内学者的研究情况如下:2012年,叶晓林等人利用仿真实验分析了认知负荷对驾驶行为的影响,利用方差分析等方法可知视觉负荷越大,驾驶行为表现越差,视觉负荷利用注视时间、注视比例反映[123]。2013年,王艳军等人利用动态密度和内禀复杂性两个模型表示复杂交通行为,使用通信数量和通信密度反映通信行为,关联分析结果表明复杂交通行为对通信行为并没有产生显著影响,只有少数进近扇区的动态密度和通信行为关联较大[64]。2014年,王超等人设计了多组仿真实验,利用航空器数量、冲突点数量以及进离场比例控制认知负荷,利用统计方法分析可知交通行为确实对注视持续时间、注视频率、瞳孔直径等因素产生显著影响[124]。2015年,王红勇等人利用实际雷达数据和通信数据检验了交通复杂性因子与通话负荷之间的关系,结果表明时段流量、速度改变量、航路点附近航空器数量与通话负荷显著相关,相关系数分别为0.626/0.605/0.611[125]。2015年,靳慧斌等人利用雷达模拟机设置了不同负荷水平的管制任务,建立了注视时长及扫视速度与工作负荷的回归模型,分析表明当工作负荷变大时,注视时长和扫视速度均会减小[126]。2015年,靳慧斌等人设计了不同繁忙程度的仿真实验,记录管制员眼动行为、通信行为和主观负荷(NASA—TLX量表),最终建立了主观负荷与平均注视时间、平均扫视持续时间、眨眼频率、通话次数等指标的回归模型[127]。2015年,温瑞英等人选择了10个指标代表复杂性,利用通话时长评价管制工作负荷,通过建立回归模型可以发现时段流量和平均瞬时流量对管制工作负荷影响最大[128]。

已有研究均侧重于利用复杂性反映交通行为的主要特性,但在对交通行为研究现状梳理后可知,影响交通行为的因素众多,每一个都能形成独特的行为模式,因此,在完成对交通行为和管制员行为的定量分析后,可以部分借鉴上述的研究经验,广泛建立交通行为和管制员行为的多种组合的关联模型,分析两类行为相关性的变化趋势。只有充分掌握两者的联动规律,才能进一步评估两类行为相互预测的可能性与准确性。

1.5 本章小结

本书采用宏观与微观相结合,从个体到关联的研究思路,通过分析来自不同对象的多维行为,逐步建立多尺度行为模式的识别方法,研究内容紧密衔接,研究过程循序渐进。本书主要包括四方面,即机场交通行为特征分析、扇区交通行为模挖掘、管制员行为规律挖掘、交通行为和管制员行为关联分析。

(1)机场交通行为特征分析。选择基础指标表征机场交通行为,检测机场交通行为的非线性特征;基于机场交通行为之间的关联特征,分析机场基于交通行为相关性的分布规律;对比机场交通行为关联性的演化趋势,识别机场交通行为关联网络宏观的涌现特性。

(2)交扇区通行为模式挖掘。结合已有研究成果和扇区交通行为的运行特性,归纳总结并定量描述扇区交通行为的指标;检验扇区多类交通行为的非线性特征,判断与机场交通行为是否具有共性;利用指标体系分别识别多个扇区在一类或单个交通行为下的分布规律。

(3)管制员行为规律挖掘。以通信行为和眼动行为作为表征管制员行为的主要对象,检验管制员群体和个体层级通信行为的长程相关性,评估管制员通信间隔时间的概率分布模型;选取反映眼动行为的基础指标,对比不同级别管制员注视行为和扫视行为的分布规律,分析管制级别对眼动行为的影响,评估眼动行为相关指标的概率分布模型。

(4)交通行为与管制员行为关联特性分析。以交通行为和管制员行为的研究为基础,分别选取表征不同行为的量化指标,构建两类行为的指标组合,分析两类行为的相关性分布规律以及深层的信息交互模式。

第二章　机场交通行为特征分析

2.1 概　　述

随着航空业的快速发展,机场保障压力日益增大,尽管我国千万级机场已达 37 个,但依然未能满足航空发展需求。十三五期间,全国将培育越来越多不同职能定位的枢纽型机场,繁忙支线机场也将迎来新的发展机遇,京津冀、长三角、珠三角等世界级机场群也势必会逐步推进建设。随着机场密度的增加,机场定位的升级,机场、机场群之间交互更为频繁,机场网络布局也更为复杂。机场作为航班起降的关键起始点,涉及范围广、交通流量大、管制难度高、耦合作用强,是航班延误乃至空域拥挤的多发区域,具有复杂、时变的交通行为,分析并掌握机场交通行为的特征规律对于提升机场系统运行效能具有重大的意义。

本章以机场交通行为作为研究对象,首先利用混沌特性分析方法对 161 个机场交通行为(流量、进场流量、离场流量、延误架次、进场延误架次、离场延误架次)的非线性特征进行了检验;然后利用流量和延误架次两个基础指标具体表征机场交通行为,以机场交通行为之间的关联特征为分析基础,通过谱聚类方法识别交通行为关联性较高的机场类别,借鉴自组织理论从时空维度对比剖析各类机场的自组织临界特征;最后进一步探索所有机场构成的交通行为关联网络的自组织临界特征。

2.2 混沌特性分析方法

空中交通系统是一个涉及航空器、空域、机场、管制员、飞行员等众多影响因素的非线性系统。确定与随机、有序与无序、偶然与必然、量变与质变,不同交通行为形成的交通态势充满着非线性特征。近年来对空中交通系统的复杂性研究已经卓有成效,逐渐提出了交通复杂性、空域复杂性、动态密度、管制复杂性、认知复杂性等多个具体概念和评估方法。而作为非线性科学的另一重要主题——混沌,在空中交通领域却较少被人提及。

一般认为,混沌就是在确定性系统中出现的一种貌似无规则的、类似随机的现象。混沌不是简单的无序而是没有明显的周期和对称,但却是具有丰富内部层次的有序结构,是非线性系统中一种新的存在形式[129-131]。常用于定量判别混沌特性的方法包括:替代数据法、关联维数法、最大 Lyapunov 指数法、功率谱法、Kolmogorov 熵方法、Poincare 截面法等[131]。吸引子是指相空间中的一个点集或一个子空间,经过时间的演化,所有轨迹都趋向于吸引子。混沌系统存在混沌吸引子(又称奇异吸引子),轨迹存在规律性。根据系统对于初始状态条件是否敏感,选择最大 Lyapunov 指数方法,通过将时间序列重构成一个拓扑等价的相空间,分析吸引子的混沌特性。

目前针对机场的研究,更多的是关注容量评估、流量管理等问题,但对机场交通行为本身所蕴含的基础特征挖掘的还不够深入。因此,本章基于常见的流量、延误等指标建立机场交通行为的时间序列,进而利用混沌特性分析方法对机场交通行为进行检测,识别行为中的混沌特征。根据混沌特性分析方法,首先利用互信息法和伪最近邻点法分别确定时间延迟和嵌入维数,对机场交通行为指标时间序列完成相空间重构后,选取小数据量法计算重构序列的最大 Lyapunov 指数,从而判断机场交通行为中是否存在混沌现象。目前,李善梅等人已经使用最大 Lyapunov 指数证明了空管领域中飞行冲突时间序列存在着混沌现象[132]。

2.2.1 相空间重构

Takens 定理证明可以从一维时间序列中重构一个与其原动力系统在拓扑意义下等价的相空间,从而在重构的相空间中分析时间序列的性质与规律。因此,相空间重构是研究混沌时间序列的关键[133]。在实际问题中,一般时间序列都是有限长度并且存在噪声,所以根据 Takens 定理,相空间重构的关键在于确定嵌入维数 m 和时间延迟 τ。

2.2.1.1 时间延迟

如果时间延迟 τ 取值较小,则相空间矢量 $X(t)=\{x(t),x(t+\tau),x(t+2\tau),\cdots,x[t+(m-1)\tau]\}$ 中任意两分量 $x(t+j\tau)$ 和 $x(t+(j+1)\tau)$ 会在数值上非常接近,无法区分;如果时间延迟 τ 取值较大,则两分量有可能变成完全独立,混沌吸引子的轨迹在两方向上的投影毫无相关性可言。互信息函数可度量随机变量之间线性、非线性的关联性,因此,选用互信息法确定时间延迟[131]。

假设 $S=\{s_1,s_2,\cdots,s_n\}$ 和 $Q=\{q_1,q_2,\cdots,q_m\}$ 是离散信息序列,根据香农的信息论,S 和 Q 的平均信息量(信息熵)分别为:

$$H(S)=-\sum_{i=1}^{n}P_s(s_i)\log_2 P_s(s_i) \tag{2-1}$$

$$H(Q)=-\sum_{j=1}^{m}P_q(q_j)\log_2 P_q(q_j) \tag{2-2}$$

其中,$P_s(s_i)$和 $P_q(q_j)$分别为 S 和 Q 中 s_i 和 q_j 的概率。

则 S 和 Q 的互信息为:

$$I(S,Q)=H(S)+H(Q)-H(S,Q) \tag{2-3}$$

定义$[s,q]=[x(t),x(t+\tau)]$,s 代表时间序列 $x(t)$,q 代表延迟为 τ 的时间序列 $x(t+\tau)$,则$I(S,Q)=I[x(t),x(t+\tau)]$表示在已知$x(t)$的情况下,$x(t+\tau)$的确定性。当$I(S,Q)=0$时,表示 $x(t+\tau)$完全不可预测,此时 $x(t)$与 $x(t+\tau)$完全不相关;当 $I(S,Q)$取得极小值时,表示 $x(t)$与 $x(t+\tau)$是最大可能的不相关。选取 $I(S,Q)$取得第一个极小值的 τ 作为最优时间延迟[131-134]。使用互信息法的关键在于计算联合分布概率,具体步骤见参考文献[134-135]。

2.2.1.2 嵌入维数

重构相空间,其几何意义就是根据原有的时间序列恢复其在高维相空间中的运动轨迹。

因为原有时间序列的轨迹在投影到一维空间后已经被扭曲，原本并不相邻的点在投影后有可能变成相邻的，因此，只有通过嵌入维数重构时间序列，才能重新建立高维的混沌运动轨迹，"扩展"轨迹，从而甄别邻近点的真假，以此作为嵌入维数 m 确定的方法依据[136-137]。

m 维相空间中，每个相点为 $X(t)=\{x(t),x(t+\tau),x(t+2\tau),\cdots,x[t+(m-1)\tau]\}$，都存在某个距离内最近邻点 X_F，其距离为 $R_m(t)=\|X(t)-X_F(t)\|$。当相空间的维数从 m 增加到 $m+1$ 维时，这两个相点的距离会发生变化，而成为：

$$R_{m+1}^2(t)=R_m^2(t)+\|X(t+m\tau)-X_F(t+m\tau)\|^2 \tag{2-4}$$

如果 $R_{m+1}(t)$ 与 $R_m(t)$ 相比变化较大，则可以认为其是伪最近邻点，令：

$$S_m=\frac{\|X(t+m\tau)-X_F(t+m\tau)\|}{R_m(t)} \tag{2-5}$$

若 $S_m>S_T$，则 $X_F(t)$ 是 $X(t)$ 的伪最近邻点，阈值 S_T 取值范围为[10,50]。

从小到大，依次根据不同的嵌入维数计算伪最近邻点的比值，当伪最近邻点的比值小于5%或者伪最近邻点不再随着嵌入维数 m 的增加而减少时，即可判定最佳嵌入维数[131]。

2.2.2　最大 Lyapunov 指数

混沌系统的初值敏感性是指相空间中初始距离很近的两条轨迹会以指数速率发散[130-131]，Lyapunov 指数则用于度量初始状态不同的两条相邻轨迹随时间按指数律收敛或发散的比率。如果最大 Lyapunov 指数 $\lambda_{\max}>0$，则系统一定存在混沌特性。

最大 Lyapunov 指数的识别通常有 Wolf 法、Jocobian 法、小数据量法、P 范数法等[138-140]。其中小数据量法对时间序列的噪声具有较强的鲁棒性，适合小数据组，计算简单容易实现，因此，本章选择该方法计算最大 Lyapunov 指数。

首先对时间序列进行快速傅立叶变换，计算出时间序列的平均周期 P[141]。根据重构后的相空间矢量 $X(t)=\{x(t),x(t+\tau),x(t+2\tau),\cdots,x[t+(m-1)\tau]\}$，$t=1,2,\cdots,M$，$M=N-(m-1)\tau$，找出相空间中每个点 $X(t)$ 的最近邻点 $X(\hat{t})$，并限制短暂分离，即：

$$d_t(0)=\min_{\hat{t}}\|X(t)-X(\hat{t})\|,\ |t-\hat{t}|>P \tag{2-6}$$

其中，$\hat{t}=1,2,\cdots,M$，且 $t\neq\hat{t}$。$d_t(0)$ 表示第 t 个相空间点与最近邻点的初始距离，$\|\cdot\|$ 表示二范数距离。

对相空间中每个点 $X(t)$，计算出该邻域点对的 i 个离散时间步后的距离 $d_t(i)$：

$$d_t(i)=\|X(t+i)-X(\hat{t}+i)\|,\ i=1,2,\cdots,\min(M-t,M-\hat{t}) \tag{2-7}$$

对每个 i 求出所有 t 的 $\ln d_t(i)$ 的平均 $x(i)$，即：

$$x(i)=\frac{1}{q\Delta t}\sum_{j=1}^{q}\ln d_j(i) \tag{2-8}$$

其中，q 为非零 $d_t(i)$ 的数目。

选择一段线性区域作为计算最大 Lyapunov 指数的区域[141-142]，用最小二乘法求得该直线的斜率即为最大 Lyapunov 指数。

2.3　交通行为关联特征分析方法

在经典的研究思路中，通常以机场为节点，以机场之间的航班运输量或旅客周转量作为边

(连接强度),宏观地分析机场网络的性质,该类方法虽然考虑了机场的交通属性,但对机场交通行为之间的交互关系表示的过于简单。在实际运行中,核心机场的交通行为通常会逐步影响关联机场的运行状态,最终演化成系统级的现象问题。例如,在延误初始阶段,主要的交通延误只发生在相对较少的机场中,伴随着航班运行,机场交通行为开始交互影响,单个机场的延误状态开始传播、积压、吸收、再次扩散,最终在一点或多点形成拥堵。在天气、军事活动等因素的影响下,小规模的机场延误最终可能演化为系统范围的网络拥堵问题。

为了重新审视机场交通行为之间的相互作用,挖掘交通行为关联特征的群体涌现效应,本章立足实际运行数据,提出了一种新的思路分析机场交通行为的关联特征以及机场交通行为相互作用的涌现特性。首先,以机场为节点,以机场对之间交通行为指标时间序列的相关性为边,构造了一种新的交通行为关联网络,从而采用谱聚类方法将交通行为较为类似、关联性较强的机场分为一类,初步对比分析各类机场的空间分布特征和类内相关性的分布;然后充分借鉴自组织临界理论,通过距离—相关性的波动趋势和功率谱分别从空间、时间维度检验各类机场的自组织临界性;最后对机场交通行为关联网络整体的时空分布特征进行分析,探索局部的机场行为对机场网络运行状态的影响。在分析机场交通行为时,本章选取了常见的流量和延误指标,一来便于统计相关数据,二来两种指标可以分别表征常规和特殊的交通行为,从而全面探讨机场相互作用下的涌现性质。

2.3.1 基于行为关联的空间分布

在欧控,统计和预测服务(STATFOR,Statistics and Forecast Service)对欧洲航空网络未来交通趋势的分析报告中提出,理解机场的多样性、分布特征、交通模式、优势以及劣势,是整体把握空中交通网络的重要基础,可以利用规模、功能、所有权等属性对机场进行分类。国际民航组织和美国联邦航空局已经利用跑道的几何特征、交通密度等指标对机场进行了分类。为了挖掘机场交通行为关联特性的分布规律,应选取合适的聚类算法识别具有相似交通特性的机场。

传统的聚类算法,如 K-means 等主要适合求解样本分布为凸形的情况,但当样本空间不为凸时,算法常常会陷入局部最优。为了能在任意形状的样本空间上聚类,并在全局范围寻找到最优解,我们采用了谱聚类算法。谱聚类算法是一种常用的经典方法,其思想来源于谱图划分理论。假定将每个数据样本看作图中的顶点 V,根据样本间的相似度将顶点间的边 E 赋权重值 W,这样就得到一个基于样本相似度的无向加权图 $G=(V,E)$,就可以将聚类问题转化为图的最优划分问题,使得同一类内的对象具有较高的相似性,而不同类之间的对象相差最大。由于图划分问题的本质,寻找最优解是一个 NP 难问题[143]。而谱聚类通过考虑问题的连续放松形式,将原问题转换为求解相似矩阵或 Laplacian 矩阵的谱分解问题,这是对图划分准则的逼近,是一个较好的解决思路[143]。

为了充分考虑任意机场对之间在交通运行方面的关联属性,本章不再简单使用起降架次、旅客吞吐量或货运吞吐量作为两点之间的权重,而是基于机场交通行为指标(流量、延误架次)时间序列之间的相关性构建一种新的机场交通行为关联网络,从而对所有机场进行谱聚类。通过分析聚类结果,对比各类机场交通行为的关联性在空间上的分布特征。假设样本集包含 n 个机场,$f_i(t)$ 表示第 i 个机场在第 t 个时间片内的交通行为指标值,每天共有 T 个时间片。谱聚类算法步骤如下:

步骤1:利用皮尔森相关系数计算样本集中任意两个机场交通行为指标时间序列 f_i 和 f_j 之间的相关性 ρ_{ij},取值范围是 $[-1,1]$,计算公式为:

$$\rho_{ij} = \frac{\sum_t \left(f_i(t) - \bar{f_i}\right)\left(f_j(t) - \bar{f_j}\right)}{\sqrt{\sum_t \left(f_i(t) - \bar{f_i}\right)^2}\sqrt{\sum_t \left(f_j(t) - \bar{f_j}\right)^2}} \tag{2-9}$$

步骤2:形成相似性矩阵 $S \in R^{n\times n}$,其中 $s_{ij} = \exp[-\sin^2(\arccos(\rho_{ij})/2)/\sigma^2]$,$\sigma$ 是一个标度参数,通常取1[144-145];

步骤3:定义 D 为对角矩阵,$D_{ii} = \sum_{j=1}^{n} S_{ij}$,从而构建拉普拉斯算子 $L = D^{-1/2}SD^{-1/2}$;

步骤4:计算拉普拉斯算子 L 的特征向量 $\{v_0, v_1, v_2, \cdots, v_{n-1}\}$ 和对应的特征值 $0 \leqslant \lambda_1 \leqslant \lambda_2 \leqslant \cdots \leqslant \lambda_{n-1}$;

步骤5:根据矩阵摄动理论,将上述的第 k 个和第 $k+1$ 个特征值之间的差称之为本征间隙[146]。计算本征间隙序列 $\{g_1, g_2, \cdots, g_{n-1} \mid g_i = \lambda_i - \lambda_{i+1}\}$。在本征间隙序列中依次寻找第一个极大值,则该值对应的下标即为聚类个数 K。本征间隙越大,选取的 k 个特征向量所构成的子空间就越稳定[146-147];

步骤6:选择前 k 个最大特征值对应的特征向量 $\{v_1, v_2, \cdots, v_k\}$ 构成新的矩阵 $V = [v_1, v_2, \cdots, v_k]$,并对每一行进行归一化得到矩阵 V',$V'_{ij} = V_{ij}/(\sum_j V_{ij}^2)^{1/2}$;

步骤7:将 V' 的每一行看作空间中的一点,使用 K-means 聚类算法将数据分为 K 类;

步骤8:根据所有机场交通行为之间的关联程度,将相关性较高的机场归为一类。根据聚类结果,总结同类机场的空间分布特征,统计对比不同类机场交通行为相关性的分布水平。

2.3.2 自组织临界特征分析

自20世纪60年代末期开始,自组织理论开始蓬勃发展,研究对象主要是复杂自组织系统的形成和发展机制问题,主要由耗散结构论、协同论、突变论、协同动力论、演化路径论、混沌论等理论构成。自组织系统能够在内在机制的驱动下,完成从简单到复杂的进化过程,同时也提高了系统的有序程度。

自组织临界系统(self-organized criticality,SOC)认为如果系统中的组成部分频繁地相互作用,那么系统会向自组织临界状态演化,在达到临界状态时,系统局部某处发生的细微变化会不断放大,最终延伸至整个系统。丹麦科学家 Per Bak 等人使用"沙堆模型"形象地解释了 SOC 理论,模型认为沙堆崩塌的规模大小与其出现的频率呈现幂律分布关系[148]。所以,自组织临界特征作为一种涌现的集体现象,涉及系统中的大部分对象,对象之间在微观层级的相互作用在宏观层级会表现出大规模的协同效应与长时间的记忆效应。目前,自组织临界系统理论已经用于多个研究领域:岩层与地貌的形成、生命进化、人口与环境污染、股票与金融危机、城市与交通堵塞等。

机场系统涉及多个复杂的对象,运行的时空范围较为广泛,当航空运输系统中多个核心机场发生大面积航班延误时,系统将处于高负荷运转状态,此时,一旦发生恶劣天气、设备故障等突发情况时,极有可能导致主要机场"不堪重负",运力下降,机场网络"崩溃"。因此,基于自组织临界系统理论检验分析机场交通行为关联网络的临界特征,对于机场网络的实时监控、应急管控具有重大的意义。

在本节的研究中,采用从局部到整体的分析思路,对不同类别、不同范围的机场对象逐一分析,利用交通行为关联属性在时空维度的分布定量判别系统的自组织临界特征(若时空相关性均符合幂律分布特征,则存在自组织临界性):首先根据聚类结果分析对比不同类机场交通行为关联属性在时间(1/*f* 噪声)、空间两个维度中是否符合幂律分布特征,进而检验不同类机场的自组织临界特性;然后考虑在所有机场交通行为的相互作用下,宏观的机场交通行为关联网络中是否存在自组织临界特性,其中分别利用流量指标和延误架次指标表示机场交通行为。

2.3.2.1 空间关联特征

为了探索机场交通行为相关性在空间上的波动情况(交通行为相关性随距离变化的波动趋势),鉴别机场交通行为在空间上是否存在幂律分布特征,本章利用皮尔森相关系数度量不同机场交通行为指标时间序列之间的相关性。以目标范围内(例如聚类结果中的同类机场)所有机场对为对象,计算任意机场对之间的空间物理距离 r 和对应的皮尔森相关系数 $C(r)$(计算方法见谱聚类步骤 1),若有多组机场对的距离相同,则 $C(r)$ 取多组机场对相关系数的平均值。当相关系数与空间距离符合 $C(r)\propto r^{-b}$关系时,说明在该类机场中存在长程相关性,交通行为在空间上存在幂律分布特征。

2.3.2.2 时间 1/*f* 波动特征

除了在空间上分析机场交通行为相关性的变化趋势,还可以利用功率谱分析机场交通行为在时间维度的分布特征。功率谱是功率谱密度函数的简称,表示信号功率在频域的分布状况。功率谱分析是以傅立叶变换为基础的频域分析方法,将时间序列的总能量分解为不同频率上的分量,根据不同频率波的方差贡献判断序列隐含的显著周期。功率谱中的极大值对应的频率即为该事件序列的显著频率。

1/*f* 噪声,又称 1/*f* 涨落,主要用于时间维度的过程演化分析,当功率谱 P 与频率 f 符合 $P(f)\propto f^{-\alpha}$($\alpha=1$ 表示功率谱指数)的关系时,功率谱与频率的关系可以表示为 $P(f)\propto 1/f$,即为 1/*f* 涨落[149]。一般而言,当 $0<\alpha<2$ 时,都可以被近似视为 1/*f* 涨落[149]。1/*f* 噪声是自组织临界特性的一个重要标志。

数据集中每个机场均包含 NUM 天的交通行为指标数据,其中每天的时间片数量为 T,设 atf_i 是第 i 个机场的交通行为指标时间序列,长度为 $T\times NUM$。功率谱分析包含现代谱估计和经典谱估计两大类,其中现代谱估计主要包括自回归模型法、移动平均模型法和自回归移动平均模型法,经典谱估计分为周期图法和自相关法。其中现代谱估计法分析过程较为复杂,而周期图法受数据长度的影响较大,当数据长度太大时,功率谱曲线波动较大,当数据长度太小时,分辨率不高。因此,本节选择自相关法分析交通行为指标时间序列,基于自相关的功率谱估计方法如下所示:

步骤 1:计算目标范围内所有机场的平均交通行为指标时间序列:

$$F(l)=\frac{\sum_{i=1}^{N}atf_i(l)}{N}\qquad(l=1,2,\cdots \mathrm{T}\times \mathrm{NUM})\tag{2-10}$$

其中,N 是机场总数。

步骤 2:将平均的交通行为指标时间序列近似视为一组平稳随机信号,然后计算平均时间序列的自相关函数：

$$R(m)=\frac{1}{\mathrm{T}\times \mathrm{NUM}-|m|}\sum_{l=1}^{\mathrm{T}\times \mathrm{NUM}-|m|}F(l)F(l+m),\ |m|\leqslant \mathrm{T}\times \mathrm{NUM} \tag{2-11}$$

步骤3：根据维纳—辛钦定理(Wiener-Khinchin theorem)，对自相关函数进行傅立叶变换得到功率谱：

$$P(\mathrm{e}^{\mathrm{j}\omega})=\sum_{m=-\infty}^{\infty}R(m)\mathrm{e}^{-\mathrm{j}\omega t} \tag{2-12}$$

当平均时间序列可近似视为$1/f$涨落时，说明机场交通行为在时间维度也存在幂律分布特征。

2.4 实例分析

2.4.1 基础数据

本章所有实例验证均采用相同的基础数据，选取2011年1—6月的全国航班计划数据，由于数据量较大，首先对错误的或信息不全的数据进行了筛选或补充，最终得到近似两百万条的航班数据，每条航班数据包括起降机场、计划起降时间、实际起降时间等。原始数据中包含199个机场，根据以下原则对原始数据进行筛选：

(1)去除国外机场和港澳台机场；

(2)去除没有经纬度位置信息的机场；

(3)去除没有流量数据的机场；

(4)去除只有进场流量数据或只有离场流量数据的机场。

最终数据中包含161个机场。

2.4.2 机场交通行为混沌特性分析

选取流量、进场流量、离场流量、延误架次、进场延误架次和离场延误架次6个指标表征机场交通行为。流量是指统计时段内目标机场起飞或降落的航班数量总和，进场流量是指统计时段内在目标机场降落的航班数量之和，离场流量是指统计时段内在目标机场起飞的航班数量之和，延误架次是指统计时段内目标机场进场或离场发生延误的航班数量之和，进场延误架次是指统计时段内目标机场发生进场延误的航班数量之和，离场延误架次是指统计时段内目标机场发生离场延误的航班数量之和。结合我国2003年发布的《航班正常管理规定》，当航班实际进场挡轮挡时间晚于计划到港时间超过15分钟时，认定该航班进场延误，同理当某航班实际离场撤轮挡时间晚于计划出港时间超过15分钟时，认为该航班发生离场延误。目前挡轮挡和撤轮挡时间均从飞机自动拍发的ACARS报文数据中获得，但当前该数据较难获取且质量不高，因此本书仍利用航班计划数据中的实际起降时间与预计起降时间相比，若超过15分钟，则视航班发生延误。以15分钟为时间片，构造161个机场交通行为指标的时间序列，共统计了15天的数据，每个机场单个交通行为时间序列的长度均为1440。

利用混沌分析方法对相关的时间序列进行重构、计算，根据最大Lyapunov指数的计算结果检验机场交通行为中的混沌特性。以北京首都机场(ZBAA)流量指标为例，介绍时间序列相空间重构过程。根据相关方法判断准则，当时间延迟取 3 时，互信息获得第一个极小值；当嵌入维数取 8 时，伪最近邻点的比例降为 0，由此确定了时间延迟和嵌入维数。完成相空间重构后，计算流量时间序列的最大 Lyapunov 指数，计算结果为 0.16，因此，北京首都机场流量行为中存在着混沌特性。

根据全部计算结果可知，在 161 个机场中，共有 48 个机场的所有交通行为均存在混沌特性，如表 2-1 所示。根据计划数据统计所有机场半年的总流量和总延误架次(降序排列)，表 2-1 中机场对象与总流量指标排名前 48 位的机场完全一致，与总延误架次指标排名前 48 位的机场几乎完全一致(仅相差一个)。该类 48 个机场的组成均是国内各大区域的重要核心机场，如华北的北京、天津机场，华东的浦东、虹桥机场，西南的成都、重庆机场，中南的广州、深圳机场等。在剩余的机场中，有 30 个机场流量相关指标的时间序列基本都存在混沌现象，在延误方面，只有延误架次指标的时间序列存在混沌特性；27 个机场仅有流量时间序列的最大 Lyapunov 指数大于 0；还有 56 个机场由于整体航班量较少，在统计的各类交通行为指标中零值太多，故所有交通行为指标时间序列的最大 Lyapunov 指数均为 0，都不存在混沌现象。

典型机场交通行为的最大 Lyapunov 指数　　表 2-1

指标 机场	流量	进场流量	离场流量	延误架次	进场延误架次	离场延误架次
ZBAA	0.16	0.06	0.26	0.08	0.06	0.05
ZBHH	0.04	0.03	0.05	0.02	0.03	0.04
ZBNY	0.09	0.06	0.11	0.05	0.04	0.01
ZBSJ	0.11	0.05	0.07	0.05	0.04	0.04
ZBTJ	0.05	0.05	0.04	0.06	0.05	0.03
ZBYN	0.10	0.14	0.10	0.04	0.03	0.04
ZGGG	0.17	0.11	0.17	0.05	0.06	0.05
ZGHA	0.12	0.06	0.09	0.14	0.04	0.09
ZGKL	0.11	0.07	0.10	0.07	0.10	0.04
ZGNN	0.07	0.07	0.05	0.04	0.06	0.06
ZGOW	0.14	0.06	0.04	0.07	0.06	0.10
ZGSD	0.08	0.03	0.05	0.04	0.10	0.03
ZGSZ	0.12	0.08	0.17	0.19	0.13	0.10
ZHCC	0.18	0.12	0.06	0.06	0.07	0.06
ZHHH	0.15	0.11	0.25	0.09	0.06	0.10
ZJHK	0.12	0.06	0.10	0.05	0.05	0.03
ZJSY	0.13	0.13	0.03	0.04	0.02	0.09
ZLIC	0.05	0.09	0.07	0.06	0.09	0.06
ZLLL	0.04	0.05	0.10	0.07	0.10	0.05
ZLXN	0.06	0.04	0.02	0.04	0.14	0.10
ZLXY	0.09	0.12	0.16	0.22	0.05	0.07
ZPJH	0.07	0.05	0.04	0.06	0.06	0.06

续上表

指标 机场	流量	进场流量	离场流量	延误架次	进场延误架次	离场延误架次
ZPLJ	0.08	0.04	0.05	0.04	0.04	0.07
ZPPP	0.08	0.15	0.07	0.07	0.03	0.04
ZSAM	0.08	0.14	0.09	0.13	0.03	0.07
ZSCN	0.16	0.06	0.08	0.08	0.04	0.08
ZSFZ	0.02	0.07	0.18	0.05	0.05	0.04
ZSHC	0.16	0.17	0.15	0.02	0.03	0.09
ZSJN	0.07	0.08	0.01	0.12	0.03	0.06
ZSNB	0.04	0.06	0.05	0.04	0.04	0.04
ZSNJ	0.24	0.11	0.10	0.05	0.04	0.05
ZSOF	0.13	0.06	0.05	0.05	0.04	0.09
ZSPD	0.36	0.15	0.11	0.13	0.08	0.11
ZSQD	0.22	0.05	0.11	0.08	0.04	0.05
ZSQZ	0.04	0.07	0.05	0.04	0.03	0.04
ZSSS	0.16	0.18	0.15	0.08	0.04	0.07
ZSWX	0.10	0.07	0.05	0.03	0.05	0.03
ZSWZ	0.02	0.04	0.06	0.04	0.05	0.04
ZSYT	0.04	0.05	0.07	0.03	0.08	0.03
ZUCK	0.17	0.30	0.09	0.07	0.09	0.03
ZUGY	0.22	0.11	0.03	0.05	0.05	0.05
ZULS	0.07	0.07	0.03	0.08	0.06	0.07
ZUUU	0.12	0.15	0.10	0.23	0.03	0.07
ZWWW	0.16	0.12	0.08	0.08	0.05	0.05
ZYCC	0.05	0.07	0.07	0.06	0.05	0.07
ZYHB	0.04	0.04	0.04	0.05	0.02	0.10
ZYTL	0.15	0.07	0.02	0.13	0.05	0.06
ZYTX	0.08	0.08	0.04	0.02	0.04	0.04

综上,从指标维度来看,对于所有机场而言,出现混沌现象最多的为流量这一交通行为;从机场维度来看,国内主要繁忙机场的交通行为均存在较为显著的混沌特性。机场作为航空运输系统中的重要节点,本身也是一个复杂系统,同时又受到空管、航空公司、空域、旅客、天气等众多主客观因素的制约和影响。当机场的有序运行受到各类因素的不确定性干扰时,最终会呈现出复杂、时变的非线性特征。这些影响导致了机场交通运行的内在随机性,从而引发了机场交通行为混沌现象的产生。与中小型机场相比,大型繁忙机场可能受到更多复杂因素的影响,因此繁忙机场交通行为中明显的混沌现象较多,更加易于识别。部分中小型机场由于航班较少,故非线性特性暂时无法由可观测的定量数据表示出来。

对于交通行为存在混沌特性的机场,在未来可以利用大量的历史数据建立某类交通行为

(流量或延误)的混沌预测模型。只有准确地预测机场的交通行为,管理机构才能针对即将出现的机场拥堵等各类问题提前制定有效的管控措施,及时缓解机场的运行压力。这一点在地面交通中已经得到了大量的运用,可以充分借鉴相关的研究思路和方法。

2.4.3 机场交通行为自组织临界特征分析

当下,中国大陆地区的机场分布并不均衡,东部机场密集,西部机场数量较少,东部地区机场之间的航班连接更为丰富,西部地区主要以某一机场(乌鲁木齐)为枢纽连接东部机场,其他支线机场也仅以连接枢纽机场为主,彼此之间几乎没有连接。从机场分布来看,东部地区由于汇集了较多的繁忙枢纽机场,航班关联程度较高,机场之间的交通行为也应该具有更强的耦合性。

在具体分析机场交通行为关联特征时,主要采用流量和延误架次两个指标表征交通行为。以 15 分钟为时间片,构造各机场流量和延误架次的时间序列;然后分别从流量和延误两种典型的交通行为着手,分析在不同类型的交通行为关联下,所有机场的分布特征和自组织临界特性。

2.4.3.1 机场"流量行为"分析结果

2.4.3.1.1 谱聚类结果

基于半年的航班运行数据,根据机场"流量行为"之间的关联特征,所有机场被分为 6 类,聚类结果如表 2-2 所示,机场名称用四字码表示。

聚类结果 表 2-2

类　别	包含机场
C1	ZBDT, ZBNY, ZBOW, ZBSH, ZGKL, ZGMX, ZGWZ, ZGZH, ZHES, ZHNY, ZJHK, ZLIC, ZLLL, ZLZW, ZPDL, ZPJH, ZPMS, ZSLG, ZSLO, ZSSH, ZSWH, ZSXZ, ZUJZ, ZULB, ZUMY, ZUQJ, ZUTR, ZUYB, ZWCM, ZYHE, ZYLD
C2	ZBCZ, ZBUL, ZBYC, ZGSD, ZHXF, ZLYA, ZPBS, ZPWS, ZPZT, ZSAQ, ZSCN, ZSFY, ZSGS, ZSJD, ZSLQ, ZSLY, ZUNZ, ZYCY, ZYJM, ZYJZ
C3	ZBXH, ZGBS, ZGCJ, ZLXN, ZLYL, ZPDQ, ZPLC, ZPLJ, ZPSM, ZSDY, ZSGZ, ZSWY, ZSYW, ZSZS, ZUBD, ZUKD, ZUTC, ZUXC
C4	ZBDS, ZBER, ZBHD, ZGBH, ZGCD, ZGDY, ZGOW, ZLGY, ZSJG, ZSJJ, ZSJU, ZSNT, ZSTX, ZSWF, ZSWX, ZSYN, ZUDX, ZULZ, ZUNP, ZUYI, ZUZH, ZWAT, ZWBL, ZWKC, ZWKN, ZWNL, ZWTC, ZWYN, ZYBS, ZYDQ, ZYJX, ZYMD, ZYQQ, ZYYJ
C5	ZBCF, ZBLA, ZBMZ, ZBSN, ZBUH, ZGZJ, ZHLY, ZHYC, ZLDH, ZLGM, ZLYS, ZSCG, ZSQZ, ZUGU, ZULS, ZUNC, ZUWX, ZWAK, ZWHM, ZWKL, ZWSH, ZWTN, ZYDD, ZYMH
C6	ZBAA, ZBHH, ZBSJ, ZBTJ, ZBYN, ZGGG, ZGHA, ZGNN, ZGSZ, ZHCC, ZHHH, ZJSY, ZLXY, ZPPP, ZSAM, ZSFZ, ZSHC, ZSJN, ZSNB, ZSNJ, ZSOF, ZSPD, ZSQD, ZSSS, ZSWZ, ZSYT, ZUCK, ZUGY, ZUUU, ZWWW, ZYCC, ZYHB, ZYTL, ZYTX

每类包含机场数量在 18—34 之间。与划分式聚类结果相比,谱聚类结果在空间上的分布呈现相互重叠的状态。每一类的机场分布均涉及多个区域,虽然会有局部集中的对象,但整体分布范围依然较为广泛。第 6 类中包含了目前中国大陆最繁忙的机场(北京首都机场、上海浦

东机场、上海虹桥机场、广东白云机场、深圳宝安机场、成都双流机场、杭州萧山机场、乌鲁木齐地窝堡机场等)，主要分布在东南沿海地带，少量分布在中部和北方发达地区，仅有一个乌鲁木齐机场分布在西部地区。与其他几类相比，第4类和第5类机场则基本散布在全国各大地区。第6类机场的类内相关性最高，且远远高于其他各类机场，第4类机场的类内相关性最小。除了第6类机场的类内相关性波动幅度略大外，其他5类机场的波动幅度基本类似(图2-1)。

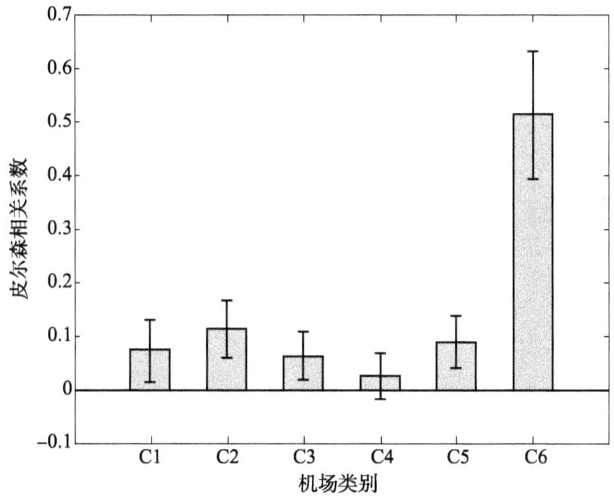

图2-1　各类机场类内相关系数的均值与标准差

聚类结果可以反映三个特征：①由于谱聚类是基于机场流量时间序列的相关性，所以同一类的机场在整体上拥有更相似的“流量行为”特征；②交通行为特征也受到了地理位置的影响，如第6类机场所在城市基本为中国的直辖市或省会城市，在地理位置上也具备较高的相似性；③机场之间的关联特征或相似性并不受距离的限制。

2.4.3.1.2　自组织临界特征分析

(1)各类机场自组织临界特征分析

基于谱聚类划分结果，分别对6类机场类内相关性的时空分布特征展开分析，探索其时空相关性的变化趋势，检测在多个机场相互作用下，各类机场是否涌现了自组织临界特性。

各类机场类内“流量行为”相关性与距离的双对数分布如图2-2所示，图中斜率的绝对值即为对应分布的幂指数，分布范围是[0.17,1.00]。结合图2-3可以看出，第6类机场的类内相关性远远高于其他类机场，但交通行为关联性随距离衰减的最为缓慢。第4类机场的类内相关性水平最低，机场交通行为的相关性衰减地最快。根据第6类机场“流量行为”特征和相关性可以推断，第6类机场具有高度相似的交通特征和较强的相互作用，距离的增加并没有明显减少该类机场之间的相互作用。相反，第4类包含的均是各地区的小机场，流量较少，彼此之间在交通行为上的“耦合”效应也较弱，故关联性衰减地较快。总体而言，各类机场“流量行为”的关联性在空间维度中均符合幂律分布特征。

根据数据计算结果，各类机场平均流量时间序列的功率谱如图2-3所示，同上，图中的斜率绝对值即为各类机场的功率谱指数。根据幂指数可以发现第6类机场 $\alpha_6=0.9$，其他几类机场的指数范围为[0.66,0.81]。基于功率谱相关定义，可以近似认为6类机场的平均流量时间序列均可以转化为 $1/f$ 谱，而第6类机场的指数与1最为接近。已有研究表明，$1/f$ 谱是证明系统具有自组织临界性的重要指标。

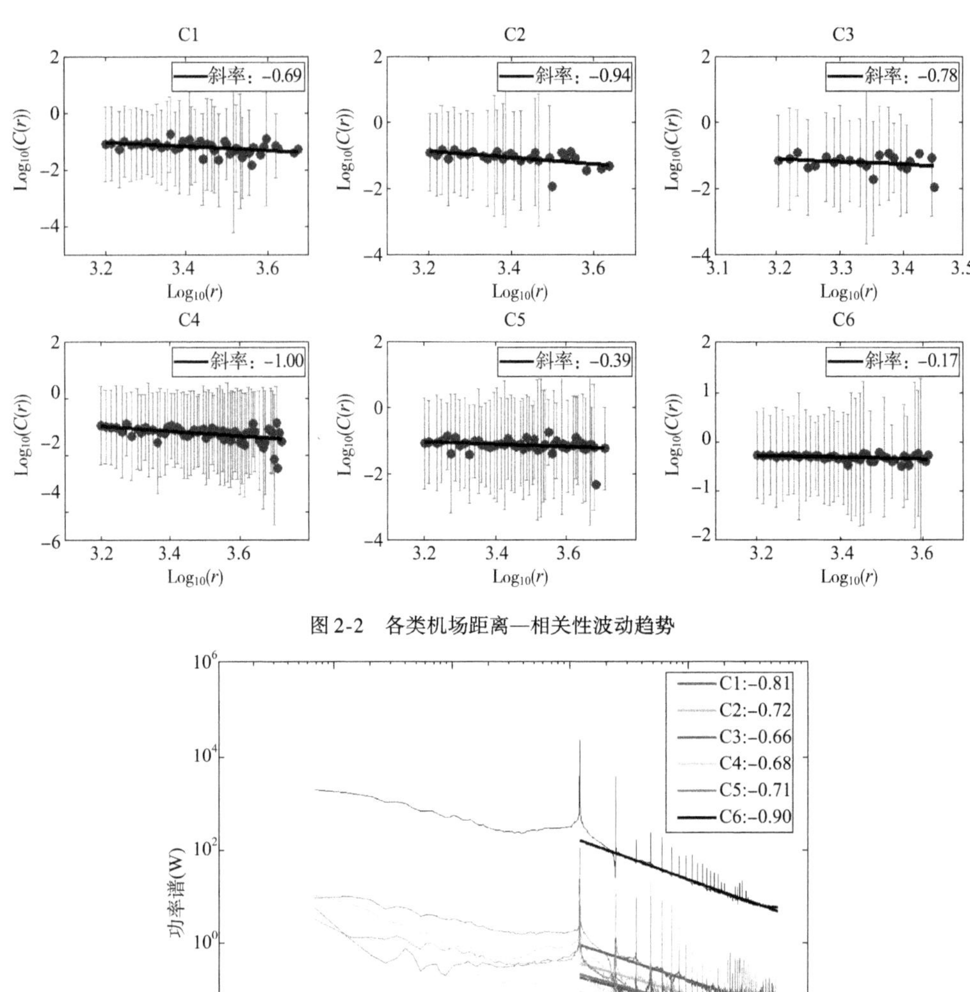

图 2-2　各类机场距离—相关性波动趋势

图 2-3　各类机场平均流量时间序列功率谱

根据各类机场“流量行为”关联性在时空维度的分布特征，可以认为各类机场均存在自组织临界性。第 6 类机场由华东、华北、中南、西南等各大地区的主要繁忙机场组成，均是机场网络中的重要机场，类内各个机场关联性较为显著，受空间距离的影响较小。

(2)机场网络自组织临界特征分析

在完成对各类机场自组织临界性的检验后，分析在所有机场交通行为的关联作用下，宏观的机场交通行为关联网络是否涌现出临界特性。

所有机场“流量行为”相关性与距离的变化趋势如图 2-4 所示。计算结果表明，相关性分成了两段，当机场对之间的距离 $r<1585$km 时，机场对之间的相关性 $C(r)$ 几乎没有随距离增加而衰减；当 $r\geqslant1585$km 时，$C(r)$ 随着距离的增加(距离范围是 1585 ~ 5866km)表现为幂律衰减 $C(r)=r^{-\beta}$，$\beta=0.66$。这说明在机场网络层级，“流量行为”依然存在幂律相关性。长程相

关性通常出现在临界点附近有局部相互作用的系统中[144]。当这种现象发生时,系统表现为一个动态的整体。临界点之间以及临界点对其他点的作用会在整个网络中扩散传播。

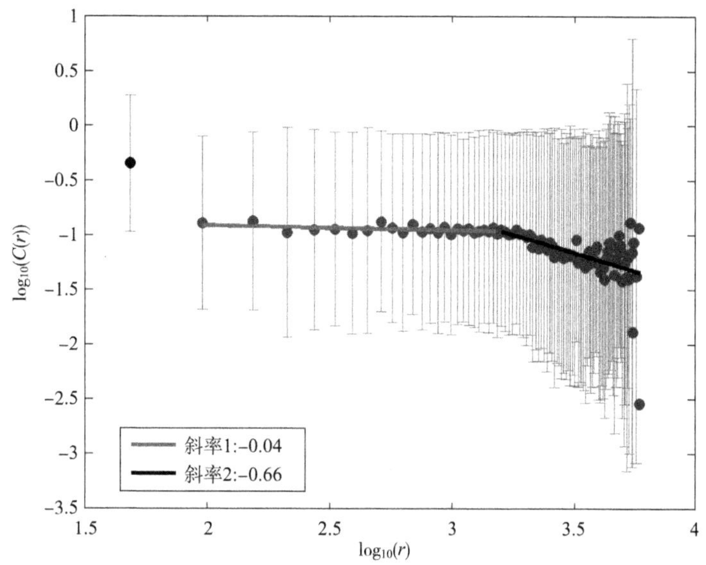

图 2-4　距离—相关性波动趋势

所有机场的平均流量时间序列的功率谱如图 2-5 所示,表现出明显的幂律标度行为,其中功率谱指数 $\alpha=0.9$,可近似等价于 $1/f$。$1/f$ 谱也表明时间序列具有长程记忆效应,在大范围的时间尺度内传播。机场网络作为一个大型的交互式系统,在时间维度上也表现出临界系统的特征。

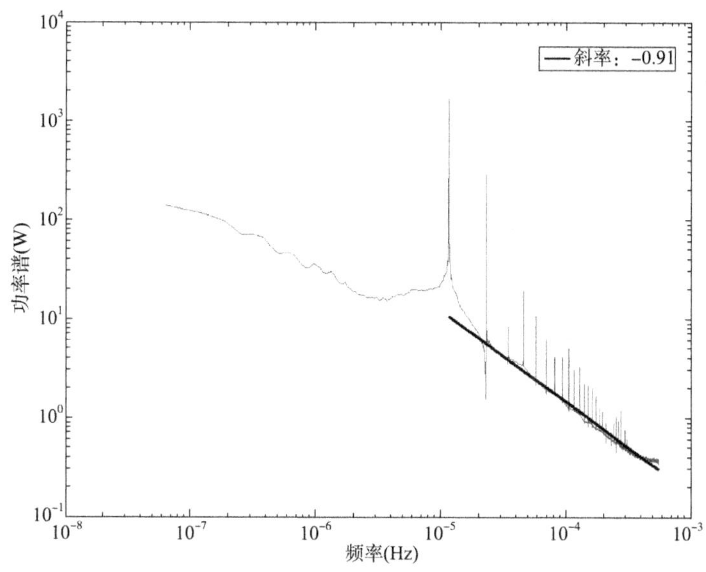

图 2-5　平均流量时间序列功率谱

根据所有机场"流量行为"关联性在时空维度的分布特征,可以认为机场"流量行为"关联网络也存在自组织临界特性。结合对 6 类机场的对比分析可知,第 6 类机场在机场网络中担任着"临界点"的角色,它们极大地影响了机场网络的整体特征,既会与同类机场的交通运行状态产生交互,也会向其他各类机场传播影响。第 4 类机场的情况亦可从反面证明该现象,由于该类中没有临界机场,主要受其他核心机场的影响,故该类内机场交通行为相关性衰减速度更快。

综上可知:①根据机场"流量行为"之间的相关性,可以将所有机场分为6类,其中第6类机场具有最高的类内相关性,它们在交通运行、地理位置等方面具有相似的特性;②各类机场以及机场网络存在空间相关性,机场"流量"行为的相关性能在一定空间范围内随距离呈现幂律分布,在时间维度上,"流量行为"平均时间序列符合 $1/f$ 功率谱特征,表明各类机场及所有机场交通行为关联网络存在自组织临界特征;③对比6类机场时空关联特性可知,第6类机场是机场网络内的重要机场,该类内机场之间以及该类机场对其他类机场的作用会在整个网络中扩散传播。

2.4.3.2 机场"延误行为"分析结果

2.4.3.2.1 谱聚类结果

利用半年的历史运行数据,根据机场"延误行为"之间的关联特征,将所有机场划为7类,聚类结果如表2-3所示,机场名称用四字码表示。

聚类结果 表2-3

类别	包含机场
C1	ZBLA, ZBMZ, ZBSN, ZGSD, ZHES, ZHLY, ZPMS, ZSAQ, ZUGU, ZULS, ZUNC, ZUNP, ZUWX, ZUZH, ZWAK, ZWHM, ZWKL, ZYJZ
C2	ZBCZ, ZGBH, ZGCD, ZGDY, ZGKL, ZGZH, ZJHK, ZJSY, ZPBS, ZPDQ, ZPJH, ZPSM, ZPWS, ZSJJ, ZSJU, ZSLG, ZSLO, ZSSH, ZSTX, ZSWY, ZUYB, ZYDQ
C3	ZBDT, ZBHD, ZBSH, ZBUL, ZGBS, ZLIC, ZLLL, ZLXN, ZPDL, ZSGS, ZSQZ, ZSWF, ZSWH, ZUBD, ZULB, ZUQJ, ZUTR, ZUXC, ZWBL, ZWCM, ZYCY, ZYHE, ZYLD
C4	ZBDS, ZBER, ZBHH, ZBNY, ZBOW, ZGCJ, ZGWZ, ZLGY, ZLZW, ZPLC, ZPLJ, ZSDY, ZSGZ, ZSJG, ZSNT, ZSXZ, ZSYN, ZSYT, ZSYW, ZUDX, ZWAT, ZWKC, ZWNL, ZWSH, ZWTN, ZYBS, ZYJM, ZYMD, ZYQQ
C5	ZBYC, ZGMX, ZHXF, ZHYC, ZLDH, ZLYA, ZPZT, ZSCG, ZSCN, ZSFY, ZSJD, ZSLQ, ZSLY, ZSWX, ZSZS, ZUJZ, ZUKD, ZUMY, ZUNZ, ZWKN
C6	ZBCF, ZBUH, ZBXH, ZGOW, ZGZJ, ZLGM, ZLYL, ZLYS, ZULZ, ZUTC, ZUYI, ZWTC, ZWWW, ZWYN, ZYCC, ZYDD, ZYHB, ZYJX, ZYMH, ZYTX, ZYYJ
C7	ZBAA, ZBSJ, ZBTJ, ZBYN, ZGGG, ZGHA, ZGNN, ZGSZ, ZHCC, ZHHH, ZLXY, ZPPP, ZSAM, ZSFZ, ZSHC, ZSJN, ZSNB, ZSNJ, ZSOF, ZSPD, ZSQD, ZSSS, ZSWZ, ZUCK, ZUGY, ZUUU, ZYTL

与基于"流量行为"时间序列的聚类结果相比,"延误行为"聚类数量发生了变化,所有机场被分为7类,包含机场的数量范围在19—29之间,每类所包含的机场对象也随之变化。在基于"延误行为"的划分结果中,与"流量行为"聚类结果最为一致的便是第7类机场,其他类别的机场组成与"流量行为"聚类结果差异较大。第7类中27个机场均属于"流量行为"聚类结果的第6类机场,虽然少了7个机场(如乌鲁木齐地窝堡、长春龙嘉、呼和浩特白塔等),但除了东北、新疆地区以外,各地区主要繁忙机场依然被保留。其他机场则分布在剩余6类中,与原来聚类结果也存在差异。但值得注意的是,减少的7个机场中有4个重要机场:乌鲁木齐地窝堡、哈尔滨太平、沈阳桃仙、长春龙嘉,同时被分到新的第6类机场中,这也许会影响"延误行为"聚类结果中第6类机场的性质。

基于"延误行为"时间序列的机场聚类结果在空间上的分布也是相互重叠的。每一类机场在地理空间上均跨越多个地区,整体分布范围较为广泛。其中,第7类机场主要位于东部较为发达地区,占据了东南沿海地带、内陆地区省会城市、直辖市等;其他如第3类、第4类机场也分布在华北、华东、西南、西北等全国各大地区。第7类机场类内相关性最高,且远远高于其他各类,第1、2、5、6类机场相关性水平类似,第3、4类机场相关性水平最低。除了第7机场的类内相关性波动幅度略大外,其他6类波动幅度基本类似(图2-6)。

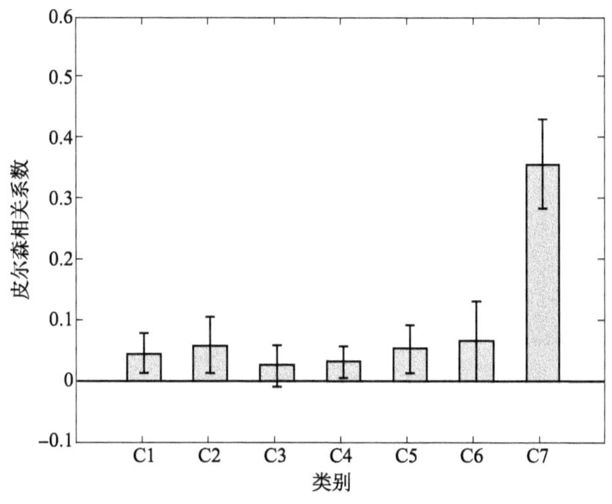

图2-6 各类机场类内相关系数的均值与标准差

结合基于"流量行为"的聚类结果可以发现,国内华东(ZSAM、ZSFZ、ZSHC、ZSJN、ZSNB、ZSNJ、ZSOF、ZSPD、ZSQD、ZSSS、ZSWZ)、华北(ZBAA、ZBSJ、ZBTJ、ZBYN)、中南(ZGGG、ZGHA、ZGNN、ZGSZ)、西南(ZUCK、ZUGY、ZUUU、ZPPP)等地区的主要繁忙机场在流量、延误等不同类型的交通行为上均具有极为相似的关联特征(体现在聚类结果上),类内相关性最高。而其他中小型机场在面向不同的交通行为时,会产生相异的关联特性。

2.4.3.2.2 自组织临界特征分析

(1)各类机场自组织临界特征分析

基于谱聚类结果,分别对7类机场类内"延误行为"相关性的时空分布特征展开分析,探索其时空相关性的变化趋势,检测在多个机场延误行为的相互作用下,各类机场是否涌现出了自组织临界特性。

各类机场类内"延误行为"相关性与距离的双对数分布如图2-7所示,图中斜率的绝对值即为对应分布的幂指数,分布范围是[0.24,3.00]。结合图2-8可以看出,第3类机场类内相关性水平最低,幂律衰减幅度却远远高于其他各类机场,第2类机场也具有类似的趋势;第7类机场的类内相关性远远高于其他类别,但延误行为关联性随距离衰减的非常缓慢(幂指数为0.24)。除了第7类机场,第6类机场由于涵盖了东北和新疆地区最为繁忙的4个机场(乌鲁木齐地窝堡机场、哈尔滨太平机场等),增加了对类内其他机场产生延误状态影响的关键点,使得该类机场延误行为的相关性高于C1—C5类机场,因而相关性的幂律衰减水平也较低。此外,第1类机场类内相关性水平较低,而幂指数几乎为0,可以认为该类机场延误行为的相关性在空间维度上不存在明显的幂律分布特征。此外,与"流量行为"聚类机场空间相关性的衰减程度相比,各类机场"延误行为"相关性的衰减速度整体更快(第1类机场除外)。

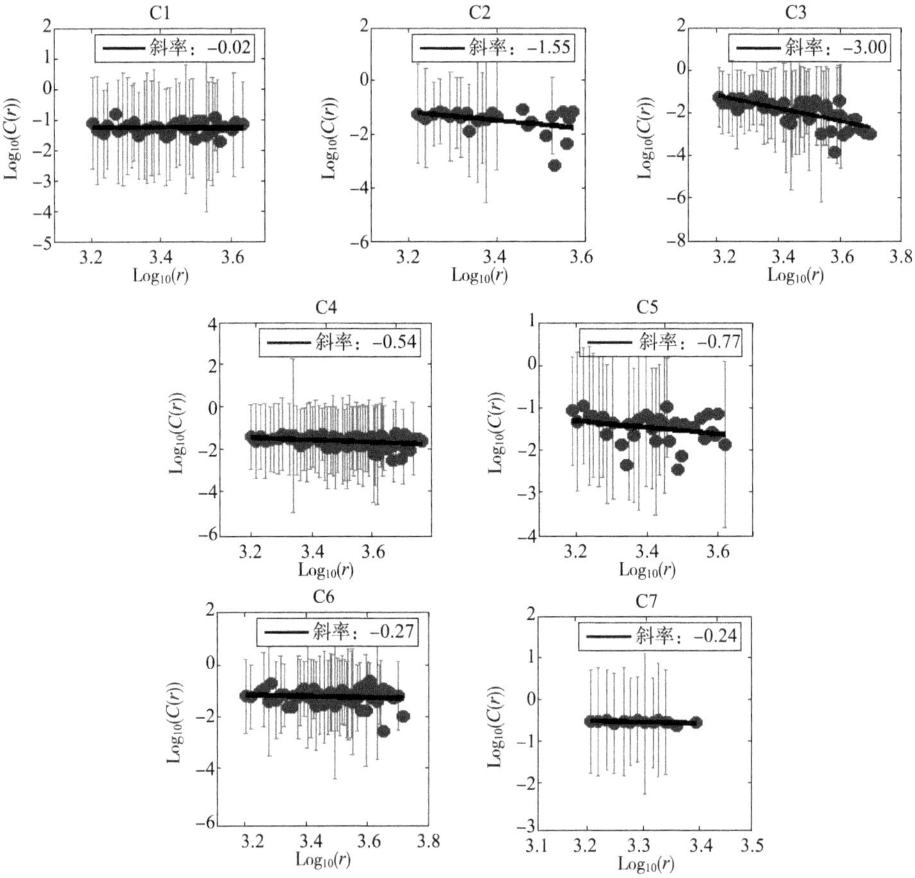

图 2-7　各类机场距离—相关性波动趋势

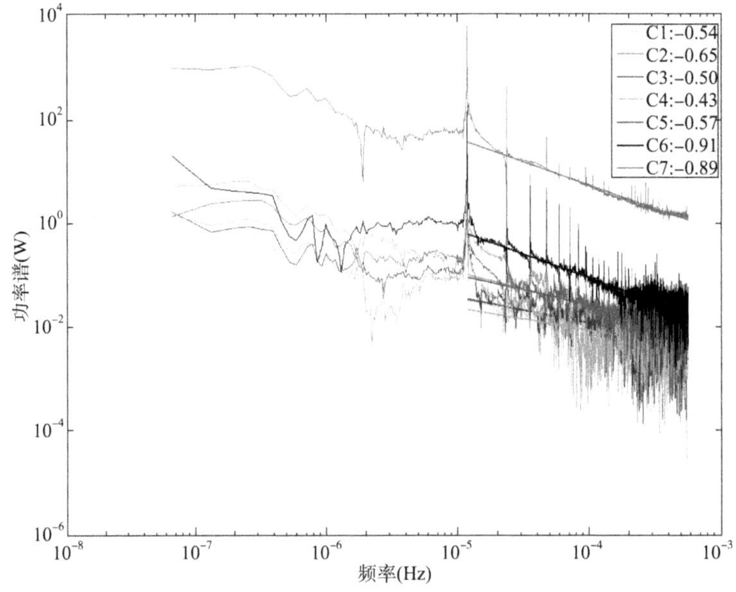

图 2-8　各类机场平均延误架次时间序列功率谱

综合考虑各类机场的延误行为关联特征,可以认为第 7 类机场具有最高的延误行为相关性,机场之间相互作用较强。第6类机场由于包含了部分重要机场,增加了该类机场之间的相互作用,大大减弱了距离对相关性的衰减作用。除了第1类机场外,其他各类机场“延误行为”的关联性在空间维度中均符合幂律分布特征。

根据历史数据计算结果,各类机场平均延误架次时间序列的功率谱如图2-8所示,图中的斜率绝对值即为各类机场的功率谱指数。指数结果表明,第6类机场 $\alpha_6 = 0.91$,第7类机场 $\alpha_7 = 0.89$,其他几类机场的指数范围为[0.43,0.65],其中第6/7类机场的指数与1最为接近。根据功率谱的广泛定义,各类机场的平均延误架次时间序列均可以近似转化为 $1/f$ 谱。

根据各类机场“延误行为”相关性的时空分布特征,可以认为除第1类机场外,其余6类机场内均存在自组织临界性。

(2)机场网络自组织临界特征分析

在完成对各类机场自组织临界性的检验后,以所有机场为整体,宏观分析在各个机场延误行为的关联作用下,机场延误行为关联网络是否也涌现出临界特性。

所有机场“延误行为”相关性与距离的变化趋势如图2-9所示。计算结果表明,相关性演化趋势可以分为两段,当机场对之间的距离 $r < 1585$km 时,机场对之间的相关性 $C(r)$ 几乎没有随距离增加而衰减;当 $r \geq 1585$km 时,$C(r)$ 随着距离的增加(距离范围是1585—5754km)表现为幂律衰减 $C(r) = r^{-\beta}$,$\beta = 0.88$。这说明在所有机场构成的网络层级,延误行为也存在幂律相关性。与“流量行为”网络相比,“延误行为”网络幂指数更高,衰减的更为迅速,与各类机场的对比结果一致。这也从侧面表明,延误状态虽然也具有极强的传播性,但作为航空运输系统内的一种非正常状态,在流量管理行为的恢复作用下,会被逐渐吸收,尽快消散。

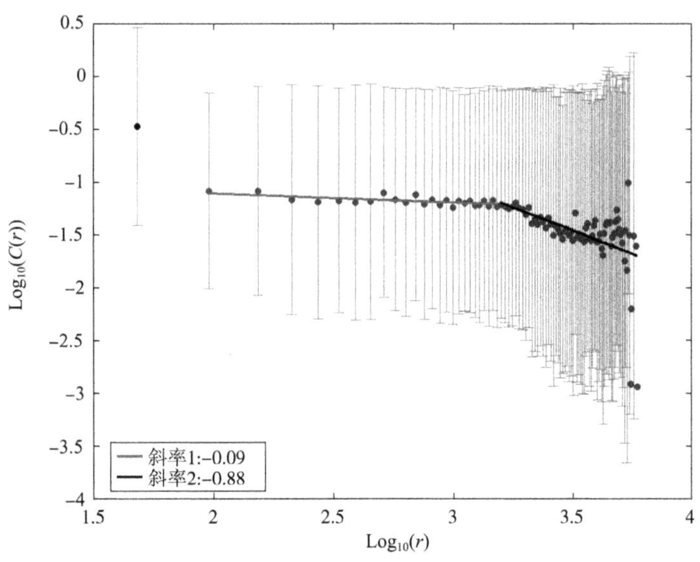

图2-9　距离—相关性波动趋势

所有机场的平均延误架次时间序列的功率谱如图2-10所示,表现出显著的幂律标度行为,其中 $\alpha = 0.91$,可近似等价于 $1/f$。$1/f$ 谱是证明系统具有自组织临界性的重要指标,表明时间序列具有长程记忆效应,能在大范围的时间尺度内传播。因此在时间维度上,机场“延误行为”关联网络也具备自组织临界系统的特征。

根据所有机场“延误行为”关联性的时空分布特征,我们发现机场“延误行为”关联网络中也存在自组织临界特性。对比分析7类机场的特性后可知,第6类和第7类机场在机场网络中发挥了特殊的作用,既会与同类机场充分交互(传播延误),也会向其他各类机场扩散自身的"作用力",在不断的传播过程中,最终影响了机场网络的整体运行状态。相反,其他几类机场,由于类内没有影响力较大的关键机场,故自身没有产生"作用力"的能力,所以关联性便会很快衰减。因此,当机场网络中发生延误时,部分重要机场作为"临界点"频繁地相互作用,重要机场也会将延误状态传播至其他关联的中小机场,在相互作用过程中,机场网络逐渐向自组织临界状态演化,在达到临界状态时,局部某处发生的"微量延误"也会被不断放大,甚至扩散至整个系统。

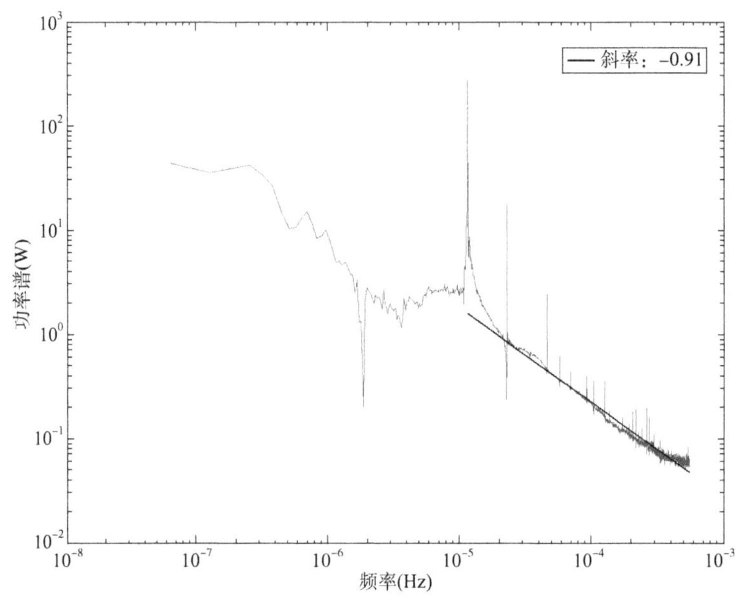

图2-10　平均延误架次时间序列功率谱

综上可知:①根据机场"延误行为"的相关性,可以将所有机场分为7类,其中第7类机场的组成、地理位置、相关性水平等,与基于"流量行为"的聚类结果中第6类机场较为一致;②"延误行为"关联性在时空维度上的演化特征表明,除第1类机场外,各类机场以及所有机场"延误行为"关联网络也存在自组织临界性,这与"流量行为"的分析结果也是基本相同的;③与"流量行为"相比,"延误行为"聚类机场以及"延误行为"关联特征网络的相关性在空间上的衰减速度更快,这与延误发生后的实际情况一致;④根据对7类机场时空关联特性的对比可知,第6类和第7类机场是"延误行为"关联网络中的重要机场,该类机场不仅能够影响其他机场的运行状态,还能将机场之间的相互作用传播至整个网络。虽然在"延误行为"关联网络中涌现出了两类重要机场,但在关键机场的组成上基本与"流量行为"聚类结果中的第6类机场一致。

2.4.3节的分析结果表明,无论是一般或特殊的交通行为,机场交通行为之间均存在显著的关联特征。在为单个机场或机场网络设计制定管控策略时,需要充分考虑机场之间的相互作用,根据不同机场传播影响或被影响的定位差异,量身定制调配策略,使得在机场网络层级能够更快地减少航班延误的不利影响,实现排堵保畅的终极目标。同时,利用自组织临界特性可以宏观监控机场网络的运行状态,当机场网络处于自组织临界状态时,便需要重点关注重要机场或局部繁忙地区的异常运行状态，当出现特殊状态时，需要提前采取有效防范措施，防止造成整个系统的崩溃。

2.5 本章小结

本章针对机场交通行为的多重特性进行了分析。首先利用混沌特性分析方法对161个机场流量、延误等交通行为的特性进行了检验，研究结果表明共有48个主要繁忙机场的流量、进场流量、离场流量、延误架次、进场延误架次和离场延误架次等6种交通行为均具有混沌特性，而对于所有机场而言，出现混沌现象最多的仍是流量这一交通行为；然后选取流量和延误架次两个基础指标表征机场交通行为，分析了机场交通行为之间的关联特征和对应的涌现特性，对比两类行为的聚类结果可知，具有最高类内相关性的一类机场在组成上是非常相似的，基本都是华东、华北、中南、西南等地区的重要繁忙机场，经检验，各类机场（仅有一类机场除外）均具备自组织临界特性，此外，所有机场构成的交通行为关联网络也符合自组织临界特征。与"流量行为"相比，"延误行为"聚类机场以及"延误行为"关联特征网络的关联性在空间上的衰减速度更快，这与实际情况一致。把握机场的交通行为特征是提升机场网络乃至航空运输系统运行效能的重要基础，本章研究成果可以为预测机场交通行为、分析机场延误传播机理以及全面管控机场网络运行提供参考。

第三章　扇区交通行为模式挖掘

3.1　概　　述

第二章中已经对相对宏观的机场交通行为进行了研究，挖掘了机场交通行为自身的混沌特性以及机场交通行为关联特征涌现下的自组织临界性。扇区作为空域中最基础的构成单元，航路航线交互错杂，航空器机动状态灵活，潜在飞行冲突频发，是机场以外航班运行的主要载体，也具有复杂多变的交通行为。由于在空间范围、拓扑结构、航班规模、运行规则等方面与机场相比均有较大差异，因此挖掘扇区的交通行为模式，可以从相对微观的层级继续丰富空中交通系统中交通行为特征的研究，同时也可以在分析过程中积极探索两类交通行为的共性。

本章借鉴已有成果，从密度性、动态性和冲突性三个维度，归纳并总结了描述扇区交通行为的指标体系，以指标为定量分析交通行为的载体，以国内某区域管理中心多个扇区为样本，通过实际历史数据，分别从两个方面对交通行为模式进行识别：①继续利用混沌特性分析方法研究扇区交通行为自身的属性，进而判断两类交通行为是否具有共性；②基于多维的指标体系对扇区交通行为进行聚类划分。在对扇区交通行为聚类分析时，采用两种方式：①利用主成分分析法对同类指标进行提炼，以精炼的主成分代表同类指标，对扇区样本的交通行为进行聚类分析；②基于统计指标的时间序列，利用改进的 K-medoids 聚类算法，识别多个扇区在不同交通行为下的分布模式和变化规律。

3.2　指标体系

尽管空管领域给出的扇区交通行为的表达形式多为经验性的，但对理解和全面描述扇区交通行为仍有可借鉴之处。因此，本章基于已有的研究成果，结合交通运行的基本特性，从新的视角甄别，直接选择其中有助于定量描述扇区交通行为的指标，或者拆解选择原有指标中能够合理、定量描述空中交通系统运行状况的指标部分作为新的指标，建立表示扇区交通行为的指标体系。所选指标均有明确的数学定义，对于空域单元具有较为普适的应用范围。根据指标对交通行为的描述维度，将所有指标分为密度性、动态性和冲突性三类。

密度类指标包括：①航空器数量；②航空器数量与容量的比值（简称容流比）；③管制里程；④平均管制里程；⑤管制时间；⑥平均管制时间。

动态类指标包括：①爬升航空器数量；②平飞航空器数量；③下降航空器数量；④总爬升时

间;⑤总平飞时间;⑥总下降时间;⑦航向改变超过 15°的航空器数量;⑧速度改变超过 10 节的航空器数量;⑨高度改变超过 750 英尺的航空器数量;⑩航空器的平均速度。

冲突类指标包括:①欧氏距离在 0—5 海里内的航空器对数量;②欧氏距离在 0—8 海里内的航空器对数量;③欧氏距离在 0—13 海里内的航空器对数量;④水平最小间隔;⑤垂直最小间隔;⑥追越冲突航空器对数量;⑦对头冲突航空器对数量;⑧最短预计冲突时间。

空中交通行为是空中交通系统所有活动所呈现的轨迹,是以不同集合的航空器为单位,以信息为媒介对其加以组织而形成的可观测交通动态的状态集合。不同交通指标用于解释刻画空中交通状态的各个方面,说明空中交通行为的变化特征,并成为空中交通系统响应内部和外部环境变化的行为标识,体现空中交通行为固有的多维度特征。

为统一指标体系的数学描述,所使用的通用变量包括:Sec 表示空域内任一扇区;$t_k \in T$,表示任一时段;T 表示所有时段的集合。

3.2.1　密度类指标

密度类指标主要用于刻画扇区内航空器的分布情况,可以粗略反映某一时段内扇区整体交通态势以及航空器在空间中的聚集状态。在实际管制过程中,空中交通管制的难易程度通常依据扇区交通的密度特征进行衡量,是扇区交通行为最基础和直观的体现。

(1)航空器数量

若航空器 $Ac^i_{Sec,t_k} \in Ac_{sec,t_k}$,$Ac_{Sec,t_k}$表示时段 t_k 内在扇区 Sec 中运行的航空器集合,则扇区航空器数量 Num_{Sec,t_k}可表示为:

$$Num_{Sec,t_k} = \sum_{Ac^i_{Sec,t_k} \in Ac_{Sec,t_k}} Ac^i_{Sec,t_k} \tag{3-1}$$

(2)容流比

若时段 t_k 内扇区 Sec 中航空器数量为 Num_{Sec,t_k},扇区容量为 Cpt_{Sec,t_k},则容流比 Cfr_{Sec,t_k}可表示为:

$$Cfr_{Sec,t_k} = \frac{Num_{Sec,t_k}}{Cpt_{Sec,t_k}} \tag{3-2}$$

(3)管制里程

若 $Ctfd^i_{Sec,t_k}$表示 Ac^i_{Sec,t_k}的管制飞行里程,则时段 t_k 内扇区 Sec 中所有航班的管制飞行里程 $Ctfd_{Sec,t_k}$可具体表示为:

$$Ctfd_{Sec,t_k} = \sum_{i=1}^{Num_{Sec,t_k}} Ctfd^i_{Sec,t_k} \tag{3-3}$$

(4)平均管制里程

根据式(3-3)和式(3-1),平均管制里程 $AvgCtfd_{Sec,t_k}$可表示为:

$$AvgCtfd_{Sec,t_k} = \frac{Ctfd_{Sec,t_k}}{Num_{Sec,t_k}} \tag{3-4}$$

(5)管制时间

若 $Ctft^i_{Sec,t_k}$表示 Ac^i_{Sec,t_k}的管制飞行时间,则时段 t_k 内扇区 Sec 中所有航班的管制飞行时间 $Ctft_{Sec,t_k}$可具体表示为:

$$Ctft_{Sec,t_k} = \sum_{i=1}^{Num_{Sec,t_k}} Ctft^i_{Sec,t_k} \tag{3-5}$$

（6）平均管制时间

根据（3-5）和（3-1），平均管制时间 $AvgCtft_{Sec,t_k}$ 可具体表示为：

$$AvgCtft_{Sec,t_k} = \frac{Ctft_{Sec,t_k}}{Num_{Sec,t_k}} \tag{3-6}$$

3.2.2 动态类指标

在实际运行过程中，由于管制员时常对扇区内航空器发布调整速度、改变高度、偏航飞行等机动指令，因此扇区交通行为也表现出较大的动态性，这也是影响交通复杂性和管制员工作负荷的重要因素。因此，动态类指标主要用于描述扇区内交通行为的动态特征。

（1）爬升航空器数量

若爬升航空器 $Acclm^i_{Sec,t_k} \in Acclm_{Sec,t_k}$，$Acclm_{Sec,t_k}$ 表示时段 t_k 内扇区 Sec 中处于爬升飞行状态（爬升率 >200 英尺/分）的航空器集合，则爬升航空器数量 $Nclm_{Sec,t_k}$ 可具体表示为：

$$Nclm_{Sec,t_k} = \sum_{Acclm^i_{Sec,t_k} \in Acclm_{Sec,t_k}} Acclm^i_{Sec,t_k} \tag{3-7}$$

（2）平飞航空器数量

若平飞航空器 $Accru^i_{Sec,t_k} \in Accru_{Sec,t_k}$，$Accru_{Sec,t_k}$ 表示时段 t_k 内扇区 Sec 中处于平飞状态的航空器集合，则平飞航空器数量 $Ncru_{Sec,t_k}$ 可具体表示为：

$$Ncru_{Sec,t_k} = \sum_{Accru^i_{Sec,t_k} \in Accru_{Sec,t_k}} Accru^i_{Sec,t_k} \tag{3-8}$$

（3）下降航空器数量

若下降航空器 $Acdes^i_{Sec,t_k} \in Acdes_{Sec,t_k}$，$Acdes_{Sec,t_k}$ 表示时段 t_k 内扇区 Sec 中处于下降飞行状态（下降率 >200 英尺/分）的航空器集合，则下降航空器数量 $Ndes_{Sec,t_k}$ 可具体表示为：

$$Ndes_{Sec,t_k} = \sum_{Acdes^i_{Sec,t_k} \in Acdes_{Sec,t_k}} Acdes^i_{Sec,t_k} \tag{3-9}$$

（4）总爬升时间

若爬升航空器 $Acclm^i_{Sec,t_k} \in Acclm_{Sec,t_k}$，爬升飞行所用时间为 $Tclm^i_{Sec,t_k}$，$Acclm_{Sec,t_k}$ 是扇区 Sec 内所有爬升航空器的集合，则扇区的总爬升时间 $TClm_{Sec,t_k}$ 可具体表示为：

$$TClm_{Sec,t_k} = \sum_{i=1}^{Nclm_{Sec,t_k}} Tclm^i_{Sec,t_k} \tag{3-10}$$

（5）总平飞时间

若平飞航空器 $Accru^i_{Sec,t_k} \in Accru_{Sec,t_k}$，平飞所用时间为 $Tcru^i_{Sec,t_k}$，$Accru_{Sec,t_k}$ 是扇区 Sec 内所有平飞航空器的集合，则扇区的总平飞时间 $TCru_{Sec,t_k}$ 可具体表示为：

$$TCru_{Sec,t_k} = \sum_{i=1}^{Ncru_{Sec,t_k}} Tcru^i_{Sec,t_k} \tag{3-11}$$

（6）总下降时间

若下降航空器 $Acdes^i_{Sec,t_k} \in Acdes_{Sec,t_k}$，下降飞行所用时间为 $Tdes^i_{Sec,t_k}$，$Acdes_{Sec,t_k}$ 是扇区 Sec 内所有下降航空器的集合，则扇区的总下降时间 $TDes_{Sec,t_k}$ 可具体表示为：

$$TDes_{Sec,t_k} = \sum_{i=1}^{Ndes_{Sec,t_k}} Tdes^i_{Sec,t_k} \tag{3-12}$$

(7)航向改变的航空器数量

若 $Achc^{i}_{Sec,t_k} \in Achc_{Sec,t_k}$ 表示航向改变大于 15°的航空器,$Achc_{Sec,t_k}$ 表示时段 t_k 内扇区 Sec 中所有航向改变大于 15°的航空器集合,则该指标 $AcHc_{Sec,t_k}$ 可表示为:

$$AcHc_{Sec,t_k} = \sum_{Achc^{i}_{Sec,t_k} \in Achc_{Sec,t_k}} Achc^{i}_{Sec,t_k} \tag{3-13}$$

(8)速度改变的航空器数量

若 $Acsc^{i}_{Sec,t_k} \in Acsc_{Sec,t_k}$ 表示速度改变超过 10 节的航空器,$Acsc_{Sec,t_k}$ 表示时段 t_k 内扇区 Sec 中所有速度改变大于 10 节的航空器集合,则该指标 $AcSc_{Sec,t_k}$ 可表示为:

$$AcSc_{Sec,t_k} = \sum_{Acsc^{i}_{Sec,t_k}} Acsc^{i}_{Sec,t_k} \tag{3-14}$$

(9)高度改变的航空器数量

若 $Acac^{i}_{Sec,t_k} \in Acac_{Sec,t_k}$ 表示高度改变超过 2000 英尺的航空器,$Acac_{Sec,t_k}$ 表示时段 t_k 内扇区 Sec 中所有高度改变的航空器集合,则该指标 $AcAc_{Sec,t_k}$ 可表示为:

$$AcAc_{Sec,t_k} = \sum_{Acac^{i}_{Sec,t_k} \in Acac_{Sec,t_k}} Acac^{i}_{Sec,t_k} \tag{3-15}$$

(10)平均速度

若 Ac^{i}_{Sec,t_k} 的速度为 Vac^{i}_{Sec,t_k},则在时段 t_k 内扇区 Sec 中所有航空器的平均速度 $\overline{V}_{Sec,t_k}$ 可表示为:

$$\overline{V}_{Sec,t_k} = \frac{\sum_{i=1}^{Num_{Sec,t_k}} Vac^{i}_{Sec,t_k}}{Num_{Sec,t_k}} \tag{3-16}$$

3.2.3　冲突类指标

冲突类指标是基于扇区内航空器对之间的相对位置分布关系,刻画航空器之间潜在的飞行冲突态势。在实际管制过程中,不确定因素使航空器在航路(航线)网络中无法完全按预定飞行计划精确实施,导致其在十分接近的空间内相遇。当航空器间逼近至一个足够引致危险发生的阈值范围时,界定为飞行冲突。因此,飞行冲突不同于碰撞,是比较主观的概念。由于管制人员的冲突解脱干预,实际冲突很少发生,但潜在飞行冲突却十分常见,是管制员的关注焦点。冲突类指标可以充分反映航空器之间的耦合效应,体现扇区交通行为的临界特征,间接体现管制员的工作负荷。

(1)欧氏距离在 0—5 海里内的航空器对数量

若航空器对$(Ac^{i}_{Sec,t_k},Ac^{j}_{Sec,t_k}) \in Dis^{5}_{Sec,t_k}$,$Dis^{5}_{Sec,t_k}$ 表示在时段 t_k 内扇区 Sec 中所有不重复的欧氏距离小于 5 海里的航空器对集合,则该指标 $Acpdis^{5}_{Sec,t_k}$ 可表示为:

$$Acpdis^{5}_{Sec,t_k} = |Dis^{5}_{Sec,t_k}| \tag{3-17}$$

其中,$|\cdot|$ 表示集合内所有元素的数量。

(2)欧氏距离在 0—8 海里内的航空器对数量

若航空器对$(Ac^{i}_{Sec_{t_k}},Ac^{j}_{Sec,t_k}) \in Dis^{8}_{Sec,t_k}$,$Dis^{8}_{Sec,t_k}$ 表示在时段 t_k 内扇区 Sec 中所有不重复的欧氏距离小于 8 海里的航空器对集合,则该指标 $Acpdis^{8}_{Sec,t_k}$ 可表示为:

$$Acpdis^{8}_{Sec,t_k} = |Dis^{8}_{Sec,t_k}| \tag{3-18}$$

(3)欧氏距离在 0—13 海里内的航空器对数量

若航空器对$(Ac^{i}_{Sec,t_k},Ac^{j}_{Sec,t_k}) \in Dis^{13}_{Sec,t_k}$,$Dis^{13}_{Sec,t_k}$ 表示在时段 t_k 内扇区 Sec 中所有不重复的欧

氏距离小于 13 海里的航空器对集合，则该指标 $Acpdis_{Sec,t_k}^{13}$ 可表示为：

$$Acpdis_{Sec,t_k}^{13} = |Dis_{Sec,t_k}^{13}| \tag{3-19}$$

(4)水平最小间隔

若航空器 Ac_{Sec,t_k}^{i} 与 Ac_{Sec,t_k}^{j} 水平间隔为 $Hsep_{Sec,t_k}^{i,j}$，$(Ac_{Sec,t_k}^{i}, Ac_{Sec,t_k}^{j}) \in Ac_{Sec,t_k}$，则在时段 t_k 内扇区 Sec 中的水平最小间隔 $Minhsep_{Sec,t_k}$ 可表示为：

$$Minhsep_{Sec,t_k} = \min[Hsep_{Sec,t_k}^{i,j}, (Ac_{Sec,t_k}^{i}, Ac_{Sec,t_k}^{j}) \in Ac_{Sec,t_k}] \tag{3-20}$$

(5)垂直最小间隔

若航空器 Ac_{Sec,t_k}^{i} 与 Ac_{Sec,t_k}^{j} 垂直间隔为 $Vsep_{Sec,t_k}^{i,j}$，$(Ac_{Sec,t_k}^{i}, Ac_{Sec,t_k}^{j}) \in Ac_{Sec,t_k}$，则在时段 t_k 内扇区 Sec 中的垂直最小间隔 $Minvsep_{Sec,t_k}$ 可表示为：

$$Minvsep_{Sec,t_k} = \min[Vsep_{Sec,t_k}^{i,j}, (Ac_{Sec,t_k}^{i}, Ac_{Sec,t_k}^{j}) \in Ac_{Sec,t_k}] \tag{3-21}$$

(6)追越冲突航空器对数量

一般情况下管制员处理垂直截获冲突较易，而难以处理小于 30°汇聚角的冲突或对头冲突(汇聚角大于 165°小于 180°)。若 $Aglpair_{Sec,t_k}^{i,j}$ 表示航空器对$(Ac_{Sec,t_k}^{i}, Ac_{Sec,t_k}^{j}) \in Ac_{Sec,t_k}$ 的航迹交叉角，在时段 t_k 扇区 Sec 内具有潜在追越冲突的航空器对数量 $Numovacp_{Sec,t_k}$ 可表示为：

$$Numovacp_{Sec,t_k} = \sum_{(Ac_{Sec,t_k}^{i}, Ac_{Sec,t_k}^{j}) \in Ac_{Sec,t_k}} \mathrm{sign}(Aglpair_{Sec,t_k}^{i,j}) \tag{3-22}$$

$$\mathrm{sign}(Aglpair_{Sec,t_k}^{i,j}) = \begin{cases} 1, \text{if } Aglpair_{Sec,t_k}^{i,j} < 15° \\ 0, \text{ otherwise} \end{cases} \tag{3-23}$$

(7)对头冲突航空器对数量

与指标 6 类似，在时段 t_k 内扇区 Sec 中具有潜在对头冲突的航空器对数量 $Numopacp_{Sec,t_k}$ 可表示为：

$$Numopacp_{Sec,t_k} = \sum_{(Ac_{Sec,t_k}^{i}, Ac_{Sec,t_k}^{j}) \in Ac_{Sec,t_k}} \mathrm{sign}(Aglpair_{Sec,t_k}^{i,j}) \tag{3-24}$$

$$\mathrm{sign}(Aglpair_{Sec,t_k}^{i,j}) = \begin{cases} 1, \text{if } Aglpair_{Sec,t_k}^{i,j} \leqslant 180° \\ \quad \vee \ Aglpair_{Sec,t_k}^{i,j} \geqslant 165° \\ 0, \text{otherwise} \end{cases} \tag{3-25}$$

(8)最短预计冲突时间

假设航空器对$(Ac_{Sec,t_k}^{i}, Ac_{Sec,t_k}^{j}) \in Ac_{Sec,t_k}$，$\overline{V_{Sec,t_k}^{ij}}$ 表示航空器对$(Ac_{Sec,t_k}^{i}, Ac_{Sec,t_k}^{j})$的相对速度矢量，$\overline{D_{Sec,t_k}^{ij}}$ 表示航空器对$(Ac_{Sec,t_k}^{i}, Ac_{Sec,t_k}^{j})$的相对距离矢量。当 $\overline{D_{Sec,t_k}^{ij}} \cdot \overline{V_{Sec,t_k}^{ij}} < 0$，说明航空器对有汇聚趋势，预计将发生冲突。因此扇区最短预计冲突时间 $Mincft_{Sec,t_k}$ 可表示为：

$$Mincft_{Sec,t_k} = \min\left[\frac{\left\|D_{Sec,t_k}^{ij}\right\|}{\left\|V_{Sec,t_k}^{ij}\right\|}, \left(Ac_{Sec,t_k}^{i}, Ac_{Sec,t_k}^{j}\right) \in Ac_{Sec,t_k}\right], \text{if } \overline{D_{Sec,t_k}^{ij}} \cdot \overline{V_{Sec,t_k}^{ij}} < 0 \tag{3-26}$$

3.3 交通行为模式分析方法

本章主要从两个方面对扇区交通行为进行挖掘分析：①利用混沌特性分析方法识别扇区

交通行为中是否具有混沌现象；②基于多维的指标体系对扇区交通行为进行聚类划分。在对扇区交通行为聚类分析时，采用两种方式：第一种是利用主成分分析法分别对密度类、动态类和冲突类指标进行降维提炼，在新的主成分要素下，对扇区样本的“综合”行为进行识别；第二种是基于不同类型统计指标的时间序列，利用改进的 K-medoids 聚类算法，分别探索扇区样本在各个具体交通行为下的分布模式。

混沌分析方法详见第二章，本章不再赘述。

3.3.1　主成分分析法

建立指标体系固然可以从多个维度对交通行为进行分析，但同时也带来了一定的问题，因为同一类指标中任意两个指标可能存在一定程度上的意义重叠，而使用一个指标代替一类指标无法表达该类指标的全部含义，用多个指标却又难免重复利用。因此，本章引入了主成分分析法（Principal Component Analysis，PCA），PCA 是一种线性降维方法，常用于多指标综合评价问题[150-151]。PCA 能够将原指标集合提炼成新的较少的“综合”指标，并尽可能多地保留原指标集合的信息。通过精炼的主成分，可以得到扇区样本在多个指标下表现出的“综合特征”。

选取扇区样本 M 个，原始指标 N 个（$M>N$），原始指标数据矩阵为 $X=(x_{mn})_{M\times N}$，x_{mn}表示第 m 个样本的第 n 项指标数据，第 m 个样本的指标数据向量为 $X_m=(x_{m1},x_{m2},\cdots,x_{mN})$，$m=1,2,\cdots,M$。

主成分分析法步骤如下：

（1）标准化指标数据。令 $y_{mn}=\dfrac{x_{mn}-\bar{x}_n}{\sqrt{var\left(x_n\right)}}$，则得到标准化矩阵 $Y=(y_{mn})_{M\times N}$，其中 $\bar{x}_n=\dfrac{1}{M}\sum\limits_{m=1}^{M}x_{mn}$，$\sqrt{var(x_n)}=\sqrt{\dfrac{1}{M-1}\sum\limits_{m=1}^{M}\left(x_{mn}-\bar{x}_n\right)^2}$；第 n 个指标的标准化数据向量 $Y_n=(y_{1n},y_{2n},\cdots,y_{Mn})$，$n=1,2,\cdots,N$；

（2）计算相关系数矩阵 R。设 $R(r_{ij})_{M\times N}$，r_{ij}表示原始指标数据第 i 个与第 j 个的相关系数：

$$r_{ij}=\frac{1}{M-1}\sum_{m=1}^{M}y_{mi}y_{mj}=\frac{\sum\limits_{m=1}^{M}\left(x_{mi}-\bar{x}_i\right)^2\left(x_{mj}-\bar{x}_j\right)^2}{\left[\sum\limits_{m=1}^{M}\left(x_{mi}-\bar{x}_i\right)^2\sum\limits_{m=1}^{M}\left(x_{mj}-\bar{x}_j\right)^2\right]^{1/2}} \tag{3-27}$$

（3）计算特征值 λ_n 与特征向量 U_n。令 I 为单位矩阵，根据特征方程 $|\lambda I-R|=0$ 可得特征值 λ_n，按大小顺序排列：$\lambda_1\geqslant\lambda_2\geqslant\cdots\geqslant\lambda_N\geqslant0$，它是各主分量的方差，它的大小描述了各个主成分在描述被评价对象上所起作用的大小。根据每个特征值 λ_n 可求得对应的特征向量 $U_n=(u_{1n},u_{2n},\cdots,u_{Nn})^T$；

（4）确定选取的主成分数量 k。主成分 z_n，$n=1,2,\cdots,k$ 的贡献率 δ_n 为特征值 λ_n 与 N 个特征值之和的比值。贡献率越大，说明该主成分所包含的原始指标的信息就越多，一般要求累计贡献率 $\delta_1+\delta_2+\cdots+\delta_n$ 达到 85% 以上才能保证新的“综合指标”能包含原始指标的绝大多数信息，以此确定 k；

（5）第 m 个样本在主成分 Z_n 上的得分为：

$$f_m(z_n)=u_{1n}y_{m1}+u_{2n}y_{m2}+\cdots+u_{Nn}y_{mN} \tag{3-28}$$

主成分分析方法精炼了同类指标的信息表达方式，用较少的主成分提炼了一类指标的内涵,避免了选取多个指标时可能会发生的意义重叠。

3.3.2 基于 DTW 的 K-medoids 聚类算法

聚类是一个将整体数据划分为以类或簇存在的包含局部数据对象的过程,来源于数据挖掘、统计学、机器学习等众多领域,现在已经广泛应用于模式识别、数据分析以及图像处理等领域[152]。目前聚类算法主要分为:基于层次的聚类、划分式聚类、基于密度的聚类、基于网格的聚类以及基于模型的聚类等。其中 K-means 是一种广泛使用的经典划分式聚类算法,能对大型数据集进行高效分类,计算复杂性较低,运算速度快,但该算法也存在一些不足,对"噪声"和孤立点(异常点)敏感,无法事先确定聚类数量等。

为了改进 K-means 算法,Kaufmam 和 Rousseeuw 设计了 K-medoids 算法[153]。在 K-means 算法中,用质心来代表簇,导致其对噪声和孤立点数据非常敏感,而 K-medoids 算法用簇中最靠近中心的一个对象(即中心点)来代表该簇,可以有效地消除这种影响[154]。因此,本章使用 K-medoids 聚类算法对扇区交通行为指标数据进行分析,以提升对异常点的处理能力。针对聚类数量确定问题,将在下节的聚类有效性评价中展开具体介绍。

当聚类分析的对象是高维、复杂的时间序列时,主要的处理方式可分为三类:基于原始数据的聚类、基于特征的聚类以及基于模型的聚类。其中基于特征的处理方式源于降维的思想,压缩和提炼原始数据,平滑噪声,然后在新的特征空间中进行聚类,已有方法包括离散傅里叶变换(DFT)、离散小波变换(DWT)、奇异值分解(SVD)[155-158]。该方法虽然数据压缩的效率很高,但对平行偏移、线性偏移、振幅变换、不连续性等都比较敏感,并且特征值缺乏数据原有的实际意义,降低了可理解性。基于模型的度量是指首先对时间序列进行建模,然后通过模型参数等信息对数据进行聚类,常用模型包括自回归移动平均模型(ARMA)、隐马尔科夫模型(HMM)、人工神经网络模型(ANN)等[159]。但在实际情况中,时间序列通常很难用一个具体的模型来表示,为了增加聚类的准确性,建模难度也会大大提高,以上种种均限制了该类方法的应用。而基于原始数据的聚类则不会对时间序列做任何处理,欧氏距离是常用的相似性度量方法,但欧氏距离对于异常数据较为敏感。因此,国外学者提出了动态时间弯曲距离(Dynamic time warping,DTW)[160-164]作为一种新的相似性度量方法,通过调节时间点之间的对应关系,能够寻找两个任意长时间序列中数据之间的最佳匹配路径,对噪声有很强的鲁棒性,可以更有效地度量时间序列的相似性。由于 DTW 距离不要求两个时间序列中的点一一对应,因此具有更广的适用范围。但不可否认的是,DTW 时间复杂度更高,计算代价较为昂贵[165]。

假设有两个时间序列 $X=(x_1,x_2,\cdots,x_m)$ 和 $Y=(y_1,y_2,\cdots,y_n)$,计算时间序列之间的相异矩阵:

$$D=\begin{bmatrix} d(x_1,y_1) & d(x_1,y_2) & \cdots & d(x_1,y_n) \\ d(x_2,y_1) & d(x_2,y_2) & \cdots & d(x_2,y_n) \\ \cdots & \cdots & \cdots & \cdots \\ d(x_m,y_1) & \cdots & \cdots & d(x_m,y_n) \end{bmatrix}_{m\times n} \tag{3-29}$$

其中,$d(x_i,y_j)=(x_i-y_j)^2$。

相异矩阵包含了两个时间序列不同点之间的距离,如下图 3-1 所示,每一格都对应了距离。

DTW 即是寻找一条连续的路径 $P(p_1,p_2,\cdots p_s)$，使得路径上的距离之和最小。同时该路径需要满足以下 3 个条件：

（1）有界性：$\max(m,n)\leqslant s\leqslant m+n-1$，此外，起点和终点必须为相异矩阵的斜对角元素，$p_1=D_{11}$，$p_s=D_{mn}$；

（2）连续性：假设路径上两个相邻点 $p_s=D_{ij}$ 和 $P_{s-1}=D_{i'j'}$，则必然有 $i-i'\leqslant 1$，$j-j'\leqslant 1$，p_s 和 p_{s-1} 在矩阵中也相邻；

（3）单调性：当 p_s 经过 D_{ij} 时，P_{s-1} 必须至少通过 $D_{i-1,j}$，$D_{i,j-1}$ 和 $D_{i-1,j-1}$ 中的一点。

满足上述条件的路径较多，选择最短的路径长度作为动态时间弯曲距离。

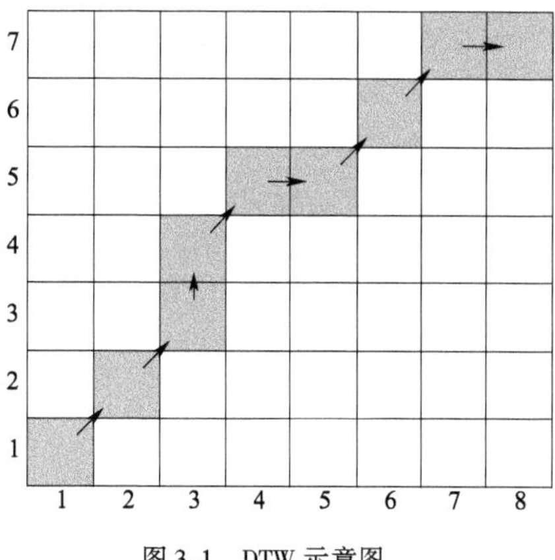

图 3-1　DTW 示意图

给出聚类算法中距离的定义后，K-medoids 聚类算法如下所示：

首先对原始数据进行标准化处理。令 $y_{mn}=\dfrac{x_{mn}-\overline{X}_m}{\sqrt{var\left(X_m\right)}}$，则得到标准化矩阵 $Y=(y_{mn})_{M\times N}$，其中 $\overline{X_m}=\dfrac{1}{N}\sum_{n=1}^{N}x_{mn}$，$\sqrt{var(X_m)}=\sqrt{\dfrac{1}{N-1}\sum_{n=1}^{N}\left(x_{mn}-\overline{X}_m\right)^2}$。

对标准化矩阵开始聚类，随机选择 K 个样本作为初始聚类中心：$CT_1,CT_2,\cdots,CT_K$，其中 $CT_K=(ct_1,ct_2,\cdots,ct_N)$；分别计算每个扇区样本向量到初始聚类中心的动态时间弯曲距离，将样本分配到距离最近的类中。

假设初始聚类中心 CT_k 是样本向量 Y_k，$k=1,2,\cdots,K$，其他任一样本为 Y_i，$i=1,2,\cdots,M(i\neq k)$。Num_k 是第 k 类集合 C_k 中样本的数量。根据分类结果，更新每类的中心 *medoid*[166]：

$$CT_k=\arg\min_{Y_i\in C_k}\sum_{Y_j\in C_k,Y_j\neq Y_i}D^2_{(Y_i,Y_j)}\tag{3-30}$$

此时 $D(Y_i,Y_j)$ 表示动态时间弯曲距离，将新的聚类中心 CT_k 与前一次相比，判断中心是否收敛，若收敛则输出聚类结果，否则继续迭代计算直至收敛为止。最终所有对象划分为 K 类：$C=C_1\cup C_2\cdots C_k\cdots C_K$，$CT_1,CT_2,\cdots CT_K$ 分别为对应的聚类中心。

3.3.3　聚类有效性评价

聚类算法通常都需要提前指定聚类数量，但大部分情况下需要对最佳聚类数量进行优化处理，虽然经验规则证明了 $K\leqslant\sqrt{\text{样本数量}}$[167-169] 的合理性，但依然需要进一步锁定 K 值，以提升 K-medoids 聚类算法性能。

确定最佳聚类数的问题属于聚类有效性问题[170]。聚类有效性评价指标是用于衡量聚类算法产生的聚类结果是否达到最优标准，该类指标将最优聚类结果所对应的聚类数作为最佳聚类数。目前常用的聚类有效性指标包括 Calinski-Harabase（CH）指标[171]、Davies-Bouldin（DB）指标[172]、Krzanowski-Lai（KL）指标[173]、Weighted inter-intra（Wint）指标[174]、In-Group Proportion（IGP）指标[175]、Dunn 指标[176]等。

借鉴前人的研究成果，DB 和 Dunn 指标可以计算同一类中样本的紧密程度与不同类之间样本分散程度[177]：Dunn 指标越大，聚类效果越好；DB 指标越小，聚类效果越好。因此，我们使用 Dunn/DB 作为新的聚类有效性评价指标[178]，指标值越大，聚类效果越佳，从而确定最佳聚类数量。

假设样本划分为 K 类：$C = C_1 \cup C_2 \cup C_3 \cdots C_k \cdots C_K$，$CT_1, CT_2, CT_3, \cdots, CT_k, \cdots, CT_K$ 分别为对应的聚类中心。本节中 $d(x,y)$ 均表示计算两个对象之间的欧氏距离。

(1) Dunn 指标

为了计算 Dunn 指标，需要定义两个新的计算依据，假设任一类的直径为：

$$\mu(C_k) = \max_{x_a, x_b \in C_k} \{d(x_a, x_b)\} \tag{3-31}$$

任意两类之间的距离为：

$$\delta(C_i, C_j) = \min_{x_e \in C_i, x_f \in C_j} \{d(x_e, x_f)\} \tag{3-32}$$

基于对类的直径和两类之间距离的定义，可得：

$$Dunn = \min_{1 \leqslant i \leqslant K} \left\{ \min_{1 \leqslant j \leqslant K} \left[\frac{\delta(C_i, C_j)}{\max\limits_{1 \leqslant k \leqslant K} \{\mu(C_k)\}} \right] \right\} \tag{3-33}$$

(2) DB 指标

同样，需要定义计算依据。设 Das_i 表示聚类 C_i 中所有样本到其聚类中心的平均距离：

$$Das_i = \frac{1}{|C_i|} \sum_{x \in C_i} d(x, CT_i) \tag{3-34}$$

其中，$|C_i|$ 表示类中的样本数量。

Dcs_{ij} 表示不同聚类中心 C_i 和 C_j 之间的距离：

$$Dcs_{ij} = d(CT_i, CT_j) \tag{3-35}$$

因此，DB 指标可以表示为：

$$DB = \frac{1}{K} \sum_{k=1}^{K} \max_{j \in [1,K], j \neq k} \left(\frac{Das_k + Das_j}{Dcs_{kj}} \right) \tag{3-36}$$

使用 Dunn/DB 指标可以定量评估聚类质量，避免依靠经验设置 K 值，从而确定最佳聚类数量。

3.4 实例分析

选取国内某区域管制中心的多个扇区作为分析对象，空域结构如图 3-2 所示，黑线代表了扇区边界，灰线是基于雷达数据形成的航迹，该图可用于直观了解空域的结构与交通分布。

区管中心所辖扇区以高空扇区为主，兼有中低空扇区，高空扇区高度范围主要在 7800 米以上，共有 24 个扇区，其中 15 和 16 扇区下有武汉进近管制区，18 扇区下有湛江进近管制区，5 扇区下有广州进近管制区和珠海进近管制区，13 扇区下有长沙进近管制区。由于现阶段从管制备份系统中获取的航班雷达数据存在高度缺失的问题，故当高空扇区下方同时划设进近管制扇区时，会将原本只属于进近扇区内的航班雷达数据误分至高空扇区，从而导致高空扇区的数据量过大，影响分析结果；此外 3、9、10、12 等 4 个扇区雷达数据严重缺失。因此选择扇区样本时，需将上述受干扰的扇区排除。利用数据保存质量较为完好的 15 个扇区作为空域样本，为了方便表示，用 Sector1—Sector15 依次表示扇区样本，交通行为指标也会按照上文介绍顺序依次用 TM1—TM24 编号表示。虽然目前空管运行机构均能提供一定的雷达航迹数据,但由于与空域结构等数据的融合工作较为复杂,将航班"映射"到对应扇区的工作尚在逐步完善中,因此能用于分析扇区交通行为的历史雷达数据并不丰富。根据作者现有的数据基础,在完成过滤、清洗等工作后,选取了保存质量较好的某天的历史数据,来计算扇区样本的各项指标。

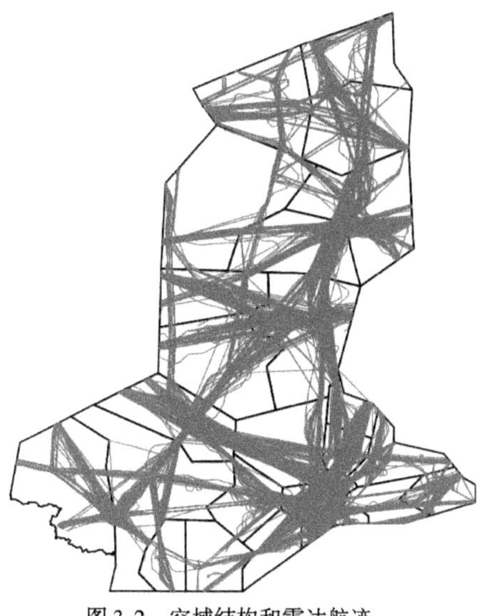

图 3-2 空域结构和雷达航迹

3.4.1 扇区交通行为混沌特性分析

由于大部分扇区在 8:00 前数据较少,统计指标多为零值,故选取 8:00—23:00 这一时段,以 1 分钟(为了增加时间序列的长度)为间隔,计算各指标的时间序列,所有样本的指标时间序列长度均为 900。

在冲突类指标中,欧氏距离在 0—5/0—8/0—13 海里内的航空器对数量在 1 分钟统计粒度内经常出现零值,所以在混沌分析时暂时不考虑这三个指标。利用混沌分析方法对其他所有交通行为指标的时间序列进行重构、计算,根据最大 Lyapunov指数检测扇区交通行为中的混沌特性。以 Sector1 航空器数量(流量)指标为例,根据判别方法分别得到互信息与时间延迟的变化关系以及伪最近邻点比例与嵌入维数的关系。当时间延迟取 8 时,互信息获得第一个极小值;当嵌入维数取 11 时,伪最近邻点的比例降为 0,由此确定了时间延迟和嵌入维数。完成相空间重构后,该时间序列的最大 Lyapunov 指数计算结果为 0.05,因此 Sector1 的流量行为中存在着混沌特性。

根据全部计算结果可知,对于所有扇区样本,共有 6 个交通行为指标的时间序列均具有大于零的最大 Lyapunov 指数,具体结果如表 3-1 所示,TM1 表示航空器数量,TM4 表示平均管制里程,TM6 表示平均管制时间,TM16 表示平均速度,TM20 表示水平最小间隔,TM21 表示垂直最小间隔,密度类、动态类和冲突类指标均有涉及。从指标来看,目前能够普遍检测出混沌现象的交通行为均非常易于观察,产生的基础即为扇区内有航空器在运行,其他指标例如爬升/下降的航空器数量,如果扇区样本为高空扇区,则航空器保持在某高度层平稳飞行的概率较高,因而爬升/下降的次数较少,导致指标统计结果较少,便会影响混沌分析结果。由于目前样本数据还不够丰富,结论的普适性还需要进一步论证,例如收集大量进近扇区的相关交通数据,统计动态类指标,检测进近扇区动态类交通行为的混沌特性。作者认为,除了对所有扇区都适用的基础交通行为外,针对不同类型扇区的运行特性,还可以在扇区多样化的交通行为中挖掘更多的混沌现象。

扇区部分交通行为的最大 Lyapunov 指数 表 3-1

指标 / 扇区	TM1	TM4	TM6	TM16	TM20	TM21
Sector1	0.05	0.43	0.16	0.02	0.19	0.10
Sector2	0.02	0.19	0.13	0.33	0.17	0.21
Sector3	0.03	0.38	0.17	0.20	0.23	0.14
Sector4	0.01	0.06	0.09	0.08	0.24	0.14

续上表

扇区 \ 指标	TM1	TM4	TM6	TM16	TM20	TM21
Sector5	0.04	0.36	0.19	0.08	0.16	0.05
Sector6	0.02	0.24	0.21	0.22	0.07	0.15
Sector7	0.05	0.42	0.23	0.11	0.10	0.10
Sector8	0.01	0.27	0.13	0.11	0.20	0.18
Sector9	0.04	0.66	0.44	0.16	0.09	0.17
Sector10	0.02	0.13	0.17	0.03	0.09	0.08
Sector11	0.02	0.15	0.14	0.15	0.21	0.25
Sector12	0.04	0.24	0.05	0.15	0.19	0.54
Sector13	0.03	0.18	0.15	0.14	0.17	0.35
Sector14	0.08	0.10	0.21	0.08	0.17	0.21
Sector15	0.01	0.22	0.14	0.28	0.07	0.08

综上,在当下的扇区样本中,基础性交通行为普遍展现出了混沌特性,这与宏观的机场交通行为特征保持一致,说明在空中交通系统中,虽然机场或扇区在不同尺度、不同阶段保障了交通流的高效运行,但两者的交通行为仍具有一定的共性。研究扇区(空域)复杂性一直是空中交通领域的热点,复杂性与扇区结构、交通运行、管制人员、气象条件乃至辅助设备等众多因素息息相关。虽然尚没有学者能够为扇区复杂性制定普适的定义,但毫无疑问的是扇区内的交通行为是复杂的。当原本井然有序的交通运行在遭受各种因素干扰后,交通态势将逐渐呈现出复杂的非线性特征,扇区交通行为的内在随机性也大大增强,最终导致了混沌特性的产生。

对于交通行为存在混沌特性的扇区,应积极地收集、清洗相关的历史雷达数据,建立基于混沌特性的扇区交通行为预测模型,预判扇区内可能出现的复杂交通态势,提前制定管理措施,在保障安全的前提下提升交通运行效率。

3.4.2 扇区交通行为聚类分析

3.4.2.1 基于 PCA 的交通行为聚类分析

虽然密度类、动态类和冲突类指标均能从不同维度描述扇区交通行为,但同类指标在意义上难免存在重叠部分,因此在本节中使用主成分分析法分别对同类指标进行精炼,利用精炼后的主成分信息再次识别扇区样本在密度特征、动态特征和冲突特征下的行为特性。在本节中,为了更多地聚集扇区内的交通行为,以 5 分钟为时间片计算交通行为指标。

3.4.2.1.1 密度类

密度类 6 个指标依次用 TM1—TM6 表示。选择 9:55—10:00 这一时间片内的指标计算结果进行分析,部分结果如表 3-2 所示。

密度类指标部分结果 表 3-2

扇区 \ 指标	TM1(架)	TM2	TM3(公里)	TM4(公里)	TM5(分钟)	TM6(分钟)
Sector1	7	0.54	336.92	48.13	24.63	3.52

续上表

扇区 \ 指标	TM1(架)	TM2	TM3(公里)	TM4(公里)	TM5(分钟)	TM6(分钟)
Sector2	3	0.23	157.03	52.34	14.70	4.90
……	……	……	……	……	……	……
Sector15	5	1.00	147.79	29.56	15.05	3.01

利用 PCA 精炼密度类指标信息,当主成分累计贡献率达到 85% 以上时需要提取两个主成分,而这两个主成分的累计贡献率已经达到 90.68%,说明 PCA 分析结果能够较好地保留密度类指标信息,详见表 3-3。

密度类指标 PCA 结果　　表 3-3

主成分	特征值	贡献率	累计贡献率
1	3.54	59.00%	59.00%
2	1.90	31.68%	90.68%
3	0.31	5.25%	95.92%
4	0.24	4.00%	99.93%
5	0.003	0.05%	99.98%
6	0.001	0.02%	100.00%

根据上表,可以得到主成分的线性组合公式:

$$f_m(z_1) = -\mathbf{0.48}TM1 - 0.20TM2 - \mathbf{0.52}TM3 - 0.37TM4 - \mathbf{0.52}TM5 - 0.20TM6$$

$$f_m(z_2) = -0.26TM1 - \mathbf{0.60}TM2 - 0.05TM3 + \mathbf{0.43}TM4 - 0.02TM5 + \mathbf{0.62}TM6$$

在主成分 z_1 的线性组合中,密度类指标航空器数量、管制里程和管制时间的权重(加粗显示)高于其他指标,该类组合主要反映了扇区整体分布的聚合状态;而在主成分 z_2 的线性组合中,容流比、平均管制里程和平均管制时间的权重系数则更高(加粗显示),这较好地体现了扇区内单架航空器的平均分布水平。两个主成分变量从新的视角对原始指标进行了提炼。

依据分析结果,以提炼的两个主成分作为新的特征"指标",对 15 个扇区进行聚类。由于维数较低,直接使用 K-medoids 聚类算法,利用 Dunn/DB 评估聚类质量,确定聚类数量。借鉴经验准则,分析聚类数量在 2—4 之间变化时对应的聚类质量,如表 3-4 所示。

聚类评价结果　　表 3-4

聚类数量	Dunn	DB	聚类质量
2	0.25	0.83	0.30
3	0.22	0.61	0.35
4	0.45	0.56	0.81

当聚类数量为 4 时,聚类效果最佳,因此,基于密度类指标主成分,将所有扇区分为 4 类:

第一类:Sector 8/9/10/12,该类扇区最为繁忙,在交通态势整体分布和平均时空占有率上均体现出最高的水平;

第二类:Sector 1/3/6,该类扇区交通密集程度略低于第一类扇区,但也较为繁忙;

第三类:Sector 4/5/14/15,该类扇区各类指标值均较小,交通密度偏低;

第四类:Sector 2/7/11/13,该类扇区内航空器数量最少,交通密度最小。

以航空器数量和平均管制里程为例,在二维图中展示各类扇区的分布情况,如图 3-3 所示,四类扇区在航空器数量上的差异比较显著,而在平均管制里程上主要分为三级,第一类和第二类数值较为接近,但与其他类别之间的差异较为明显,总体而言,聚类结果确实较好地反映了各类扇区交通分布的特征。

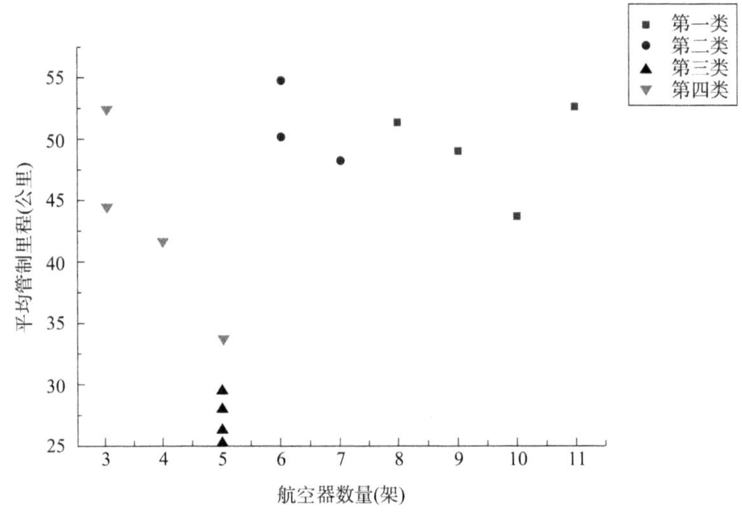

图 3-3 密度类指标聚类结果示意图

在空域管理时,可根据扇区的繁忙程度灵活地拆分或者合并扇区,若在同一管制区域内,相邻的扇区均密度较低,则可以考虑合并相邻扇区,从而减轻管制负荷,提升管制效率。此外,若能按照固定时间间隔统计指标,依据密度类交通行为划分扇区,也有助于帮助流量管理人员监控更大范围内的整体空域运行情况,提升运行效能。

3.4.2.1.2 动态类

动态类 10 个指标依次用 TM7—TM16 表示。同样选择 9:55—10:00 时间片内的指标计算结果进行分析,部分结果如表 3-5 所示。

动态类指标部分结果 表 3-5

指标 扇区	TM7(架)	TM8(架)	TM9(架)	TM10(分钟)	TM11(分钟)	……	TM16 (公里/小时)
Sector1	6	6	1	16.8	2.92	……	823.14
Sector 2	0	3	2	0	8.60	……	642.29
……	……	……	……	……	……	……	……
Sector14	0	5	0	0	15.60	……	720.54
Sector15	1	5	0	1.95	13.10	……	640.58

利用 PCA 精炼动态类指标信息,当主成分累计贡献率达到 85% 以上时提取了 4 个主成分,实际累计贡献率达到 91.44%,说明 PCA 分析结果较好地保留了动态类指标的信息,详见表 3-6。

动态类指标 PCA 结果　　表 3-6

主成分	特征值	贡献率	累计贡献率
1	3.98	39.84%	39.84%
2	2.55	25.52%	65.37%
3	1.66	16.61%	81.97%
4	0.95	9.47%	91.44%
5	0.53	5.26%	96.70%
6	0.19	1.92%	98.62%
7	0.11	1.10%	99.72%
8	0.02	0.19%	99.91%
9	0.008	0.08%	99.98%
10	0.002	0.02%	100.00%

根据上表，可以得到主成分的线性组合公式：

$$f_m(z_1) = -0.32TM7 + 0.26TM8 - 0.22TM9 - 0.34TM10 + \mathbf{0.39}TM11 - 0.33TM12 - \mathbf{0.38}TM13 + 0.09TM14 - \mathbf{0.46}TM15 - 0.20TM16$$

$$f_m(z_2) = \mathbf{0.45}TM7 + \mathbf{0.45}TM8 - 0.28TM9 + \mathbf{0.43}TM10 + 0.26TM11 - 0.24TM12 - 0.04TM13 + 0.37TM14 + 0.18TM15 + 0.16TM16$$

$$f_m(z_3) = -0.09TM7 + 0.22TM8 + \mathbf{0.55}TM9 - 0.07TM10 + 0.16TM11 + 0.41TM12 - 0.15TM13 + \mathbf{0.54}TM14 + 0.17TM15 - 0.30TM16$$

$$f_m(z_4) = 0.18TM7 - 0.34TM8 - 0.14TM9 + 0.20TM10 - 0.27TM11 - 0.29TM12 - 0.05TM13 + 0.20TM14 - 0.002TM15 - \mathbf{0.76}TM16$$

其中对于每个主成分贡献较高的指标，权重在公式中均加粗显示。在主成分 z_1 的线性组合中，权重较高的是航向改变的航空器数量和高度改变的航空器数量，该类组合总体反映了航空器机动调整状态；在主成分 z_2 的线性组合中，指标爬升航空器数量和平飞航空器数量等权重高于其他指标，该类组合主要针对航空器与高度相关的状态描述，上升高度或保持高度不变；在主成分 z_3 的线性组合中，指标下降航空器数量和速度改变的航空器数量权重较高，该类组合主要反映了航空器与速度相关的状态（航空器在下降时也会调整速度适应新的高度）；而在主成分 z_4 的线性组合中，航空器平均速度的权重系数远远高于其他指标，成为最影响该主成分的指标，平均速度也能间接反映扇区的通行水平，例如当扇区较为拥挤时，通行速度也会随之减小。

依据分析结果，以提炼的四个主成分作为新的特征"指标"，对 15 个扇区进行聚类。由于维数不高，直接使用 K-medoids 聚类算法，利用 Dunn/DB 评估聚类数量在 2—4 之间变化时对应的聚类质量，如表 3-7 所示。

聚类评价结果　　表 3-7

聚类数量	Dunn	DB	聚类质量
2	0.32	1.09	0.29
3	0.50	0.87	0.57
4	0.53	0.73	0.73

当聚类数量为 4 时，聚类效果最佳，聚类结果如下所示：

第一类：Sector 8/9/10/12，与密度类指标划分的第一类结果一致，处于平飞状态的航空器

数量最多(因此平飞时间也最多),此外,改变速度的航空器数量也基本最多,运行速度处于中等水平;

第二类:Sector 5/6/7/13/14/15,该类扇区内航空器依然以平飞为主,与第一类相比,改变航向的航空器数量更多,改变速度的航空器数量减少,而这6个扇区分别属于密度类聚类结果的第二类—第四类,因此,密度特征对动态交通行为的影响没有体现;

第三类:Sector 2/3/4/11,该类扇区中,处于下降状态的航空器数量越来越多,相应的,改变高度的航空器数量也普遍较多,与第二类的结果类似,无法确认动态类行为与密度类行为的关系;

第四类:Sector 1,该类扇区只有一个样本,但动态特征最为显著:爬升航空器数量最多,速度、航向和高度改变的航空器数量也最多,平均运行速度最快,因此该扇区的交通运行场景最为丰富,运行态势也最为复杂,虽然1扇区的交通密度也较大,但只能说明产生多重机动行为的可能性高于其他扇区。

同样,以平飞航空器数量、改变速度的航空器数量和平均速度为例,在三维图中展示各类扇区的分布情况,如图3-4所示,聚类结果能够较好地反映各类扇区的动态特征。

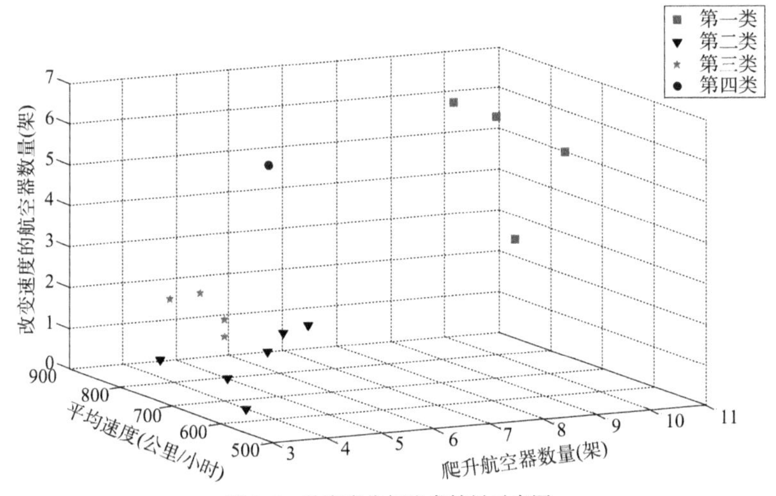

图3-4　动态类指标聚类结果示意图

对于空域管理或流量管理而言,掌握扇区的密度类交通行为只是管理的基础。在空域结构与航空器的交互作用下,复杂的交通行为频频出现,因此了解扇区内航班的动态类行为就显得尤为重要。对于密度较大、动态特征显著的扇区,应全面监控,提前建立灵活开扇机制,并安排经验丰富的管制员进行指挥或监控;而对于密度小,动态行为也较为丰富的扇区,在合并扇区时需要更多地斟酌,防止合并扇区后由于交通密度突然增大,航空器交互更加频繁,而使得管制员一时无法适应。

3.4.2.1.3　冲突类

冲突类8个指标依次用TM17—TM24表示。选择9:55—10:00这一时间片内的指标计算结果进行分析,部分结果见表3-8。

冲突类指标部分结果　　表3-8

指标 扇区	TM17(对)	TM18(对)	TM19(对)	TM20(公里)	TM21(米)	……	TM24(分钟)
Sector1	0	0	0	28.87	0	……	2.18

续上表

扇区＼指标	TM17(对)	TM18(对)	TM19(对)	TM20(公里)	TM21(米)	……	TM24(分钟)
Sector2	0	0	0	32.85	0	……	17.80
……	……	……	……	……	……	……	……
Sector14	1	2	2	0.86	0	……	1.60
Sector15	3	3	4	2.26	0	……	0.15

利用PCA精炼冲突类指标信息，当主成分累计贡献率达到85%以上时提取了4个主成分，实际累计贡献率达到92.45%，说明PCA分析结果较好地保留了冲突类指标的信息，详见表3-9。

冲突类指标PCA结果 表3-9

主成分	特征值	贡献率	累计贡献率
1	4.51	56.37%	56.37%
2	1.25	15.59%	71.96%
3	0.98	12.25%	84.20%
4	0.66	8.25%	92.45%
5	0.31	3.89%	96.34%
6	0.15	1.90%	98.24%
7	0.10	1.21%	99.45%
8	0.04	0.55%	100.00%

根据上表，可以得到主成分的线性组合公式：

$$f_m(z_1)=0.36TM17+\mathbf{0.44}TM18+\mathbf{0.44}TM19-0.39TM20-0.061TM21+0.25TM22+0.38TM23-0.34TM24$$

$$f_m(z_2)=0.19TM17-0.009TM18-0.005TM19+0.26TM20-\mathbf{0.84}TM21+0.09TM22+0.24TM23+0.36TM24$$

$$f_m(z_3)=-0.51TM17-0.08TM18+0.04TM19+0.12TM20-0.06TM21+\mathbf{0.83}TM22-0.02TM23-0.15TM24$$

$$f_m(z_4)=0.29TM17-0.31TM18-0.29TM19-0.33TM20-0.37TM21+0.09TM22-\mathbf{0.48}TM23-\mathbf{0.49}TM24$$

其中对于每个主成分贡献较高的指标，权重在公式中均加粗显示。在主成分 z_1 的线性组合中，权重较高的是欧氏距离在0—8海里内的航空器对数量和欧氏距离在0—13海里内的航空器对数量，该类组合主要在水平维度体现了航空器对的分布范围；在主成分 z_2 的线性组合中，指标垂直最小间隔权重远远高于其他指标，该类组合主要刻画在垂直方向航空器对之间的间隔分布特征；在主成分 z_3 的线性组合中，追越冲突航空器对数量权重最高，因此该主成分主要反映了航空器对之间的潜在追越行为；而在主成分 z_4 的线性组合中，指标对头冲突航空器对数量和最短预计冲突时间的权重系数高于其他指标，成为最具影响力的指标。

依据分析结果，以提炼的四个主成分作为新的特征“指标”，对15个扇区进行聚类。使用

K-medoids 算法直接对低维数据进行聚类，利用 Dunn/DB 评估聚类结果，确定聚类数量，评价结果如表 3-10 所示。

聚类评价结果 表 3-10

聚类数量	Dunn	DB	聚类质量
2	0.17	1.03	0.17
3	0.38	0.85	0.44
4	0.40	0.81	0.49

当聚类数量为 4 时，聚类效果最佳，结果如下：

第一类：Sector 6/8/9/10/12/15，该类扇区内在 0—8 海里和 0—13 海里内的航空器对数量最多，航空器对之间水平最小间隔较小，因此潜在冲突水平基本高于其他扇区；8/9/10/12 扇区均为最繁忙的一类扇区，由于对象基数最大，因此产生冲突的概率也高于其他扇区。

第二类：Sector 13，该类扇区中水平阈值内的航空器对数量减少，水平最小间隔变大，因此潜在冲突的发生次数也少于第一类扇区，虽然 13 扇区交通密度最小，但却有明显的冲突行为特征，这证明了冲突类行为与密度类行为不存在必然联系。

第三类：Sector 1/4/5/11/14，该类扇区中航空器对之间的耦合强度更弱，航空器对水平间隔变大，各类潜在冲突行为减少，虽然 1 扇区的交通密度较大，并且在动态类指标中也展现了显著的机动特性，但却没有形成明显的冲突特征，因此动态类行为也不会必然导致冲突类行为的产生。

第四类：Sector 2/3/7，该类扇区内没有航空器对处于水平阈值内，航空器对之间均保持着较大的水平和垂直间隔，潜在冲突的可能性最小；虽然 2/7 扇区在密度类指标的划分结果中表现出最少的分布特征，但 3 扇区的交通密度较大，因此上述结果可以反映类似的问题，即密度类行为与冲突行为之间不存在必然的因果关系。

以 0—8 海里内的航空器对数量、追越冲突航空器对数量和对头冲突航空器对数量为例，在三维图中展示各类扇区的分布情况，如图 3-5 所示，聚类结果能够较好地反映各类扇区冲突行为的分布特征。

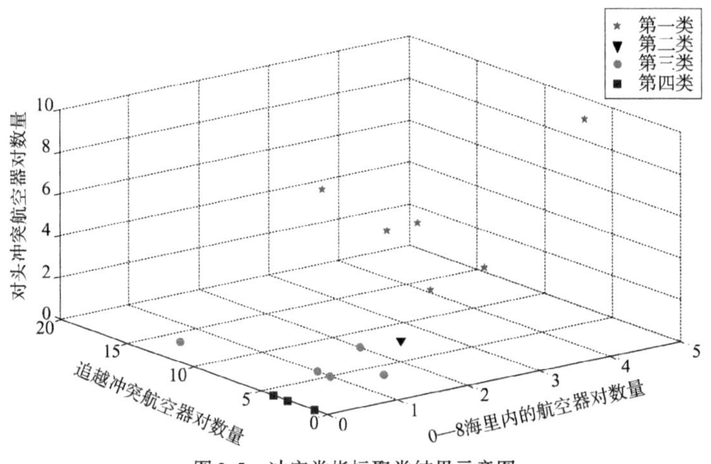

图 3-5 冲突类指标聚类结果示意图

冲突类交通指标更多地展示了航空器对之间的时空迫近关系，既与扇区内的交通复杂性息息相关，也可以间接地反映扇区运行的安全水平。因此，在综合了解密度类和动态类交通行为的基础上,利用冲突类交通行为可以帮助管理人员整体评估扇区运行的复杂程度,间接分析空域的利用效率,最终提升空域的精细化管理能力,同时实时监控扇区运行的安全性,利用相关指标预警告警。

综上,对比三类指标的聚类结果可以发现,仅 Sector 8/9/10/12 始终划为一类,交通行为最为相似,繁忙程度最高,航空器以平飞为主,但航空器之间的间隔水平较小,潜在冲突可能性较高。而其余 11 个扇区在各类指标中均有不同的分布模式。对于大部分扇区,由于空域结构各异,交通流组成不同,运行状态实时变换,在面对不同类型的交通行为时,通常难以保持统一的分布特征,唯有结合具体运行需求,基于实时数据,监控和评估扇区的运行模式,才能最有效地管理扇区交通的运行。

3.4.2.2 基于单一指标的交通行为聚类分析

利用各个指标的时间序列,继续对 15 个扇区的交通行为进行识别。利用某天的历史雷达数据统计指标结果,由于大部分扇区在 8:00 前数据较少,统计指标多为零值,故选取 8:00—23:00这一时段,以 5 分钟为间隔,提取各指标的时间序列。结合 PCA 分析结果,从各类指标中选取在主成分分析中权重较高的作为典型代表,来分析基于不同交通行为下的模式聚类结果。与基于 PCA 的分析方法相比,基于时间序列的分析可以更加聚焦某一具体的交通行为,通过扇区样本在较长时间范围内的行为展现整体的分布趋势。

3.4.2.2.1 密度类

(1)航空器数量

基于航空器数量的时间序列数据,对 15 个扇区进行聚类。由于时间序列较长(长度180),使用基于 DTW 的 K-medoids 算法进行聚类,利用 Dunn/DB 评估聚类结果,确定聚类数量,借鉴经验准则,分析当聚类数量在 2—4 之间变化时对应的聚类质量,评价结果如表 3-11 所示。

聚类评价结果 表 3-11

聚类数量	Dunn	DB	聚类质量
2	0.58	0.05	10.63
3	0.74	0.05	16.06
4	0.84	0.04	22.59

当聚类数量为 4 时,聚类效果最佳:第一类:Sector 8/12;第二类:Sector 2/11;第三类:Sector 1/3/6/7/9/10/13;第四类:Sector 4/5/14/15。

由于扇区样本较多,时间序列较长,为了表达方便,只选取各类结果的聚类中心对不同类样本数据进行对比说明。四类扇区的聚类中心如图 3-6 所示,为了便于直观对比,截取聚类中心在第 60—84 时间片内的指标数据进行局部放大。

以截取的片段数据为例,第一类扇区中航空器数量随着时间推移逐渐增加,随后在较长时段内一直保持稳定的水平,从第 76 个时间片开始又逐渐下降,总体而言,第一类扇区的航空器数量在大部分时段内处于最多的状态;第二类扇区在前一个小时内处于一种近似震荡的状态,航空器数量在 5 架附近上下摆动,在后一个小时内,航空器数量先缓慢下降至波底随后缓慢上升,变化态势与三角函数的波动变化非常相似;第三类扇区较为迅速地增加至峰值,随后短暂下降后又缓慢上升至较高水平,与第一类相似,从第 76 个时间片开始又逐渐下降;第四类扇区内航空器一直较少,在1架左右摆动,远远低于其他扇区。但前三类扇区时常出现相互错杂的状态,并不总是遵循第一类 > 第二类 > 第三类的趋势。聚类结果较好地识别了不同扇区在航空器数量上的分布模式。

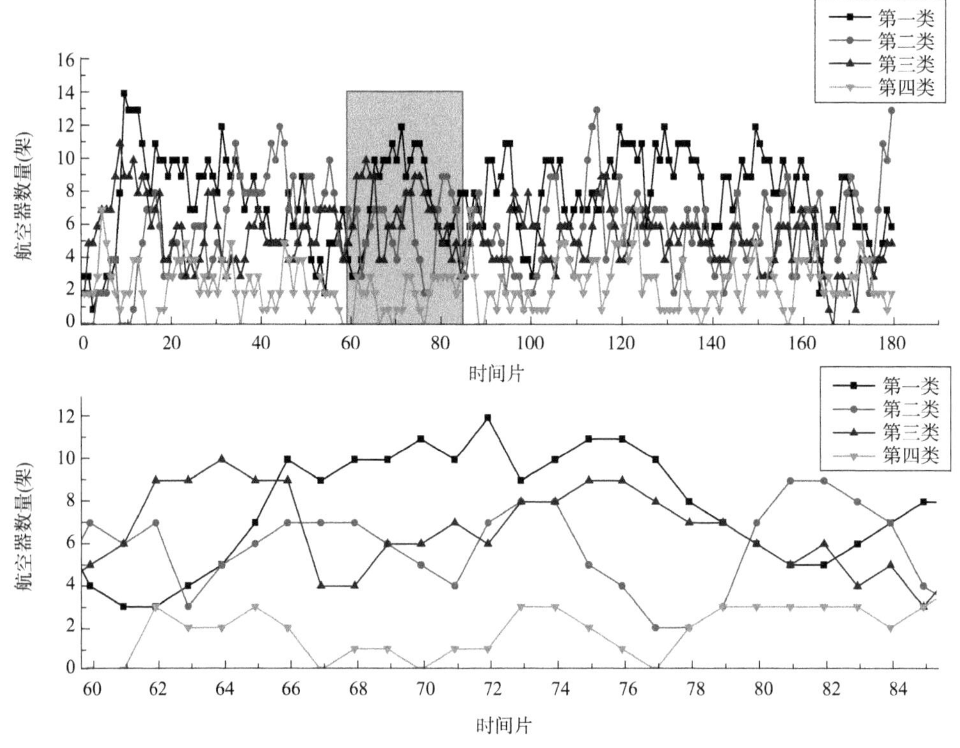

图3-6 基于航空器数量的扇区样本聚类中心

(2)平均管制里程

使用基于DTW的K-medoids算法对15个扇区平均管制里程指标的时间序列进行聚类,利用Dunn/DB评估聚类结果,确定聚类数量,评价结果如表3-12所示。

聚类评价结果 表3-12

聚类数量	Dunn	DB	聚类质量
2	0.55	0.07	8.11
3	0.55	0.06	8.66
4	0.62	0.04	15.70

当聚类数量为4时,聚类效果最佳:第一类:Sector 1/7/8/9/12;第二类:Sector 3/6/10/13;第三类:Sector 2/4/11/14;第四类:Sector 5/15。聚类中心如图3-7所示。

为了能够清晰对比不同类扇区的数据分布,我们截取部分时段的数据“放大”显示。平均管制里程是管制里程和航空器数量综合影响下的结果,如图3-7所示,与航空器数量不同,平均管制里程并没有展示出明显的递增或递减趋势,第一类至第三类扇区均在均值附近上下震荡,其中第一类扇区变化最为平稳,第二类扇区聚类中心略有震荡上升的趋势,第四类扇区的平均管制里程基本低于其他三类扇区,在少量时段内波动幅度较大。

与基于航空器数量的扇区聚类结果相比,两类指标聚类结果有所重叠,例如第一类 Sector

8/12 在航空器数量聚类中也属于一类,而航空器数量聚类中的第四类 Sector 5/15 在平均管制里程中也都属于第四类结果。说明密度类指标既有意义重叠的部分,也有内涵上的差异,结合不同的指标,可以更加全面地识别扇区的交通行为模式。因此,基于密度类指标 PCA 的聚类结果与基于两个指标时间序列的聚类结果既有重叠又有区别,反映了两类分析方法的不同特性。

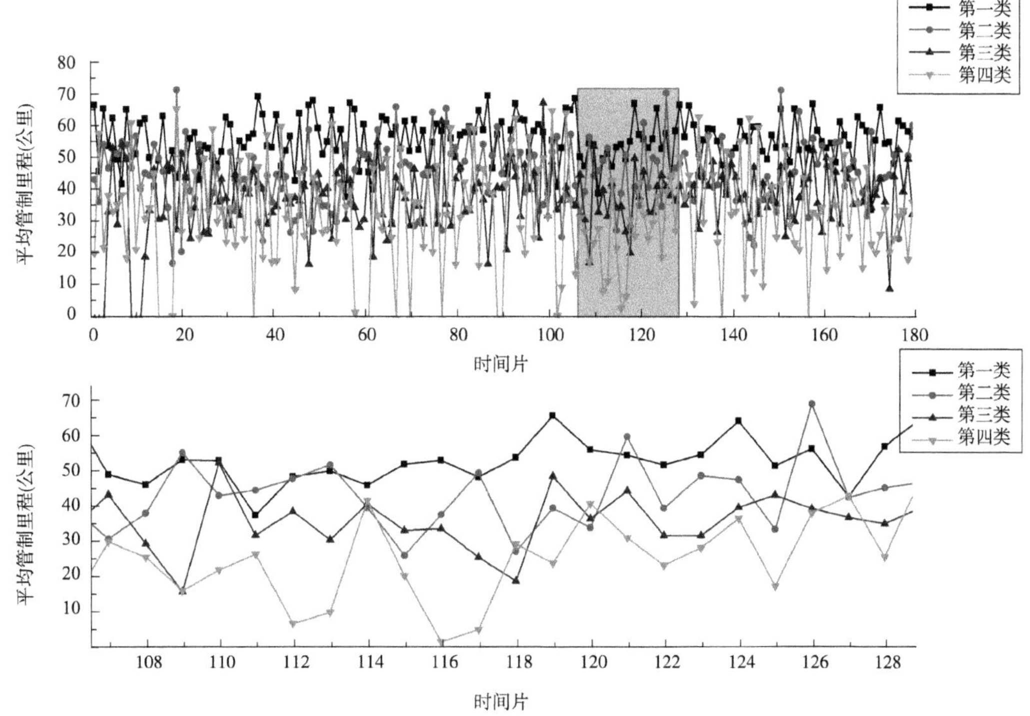

图 3-7 基于平均管制里程的扇区样本聚类中心

3.4.2.2.2 动态类

(1)速度改变的航空器数量

使用基于 DTW 的 K-medoids 算法对 15 个扇区进行聚类,聚类评价结果如表 3-13 所示。

聚 类 评 价 结 果 表 3-13

聚类数量	Dunn	DB	聚类质量
2	0.70	0.05	13.81
3	0.57	0.05	11.38
4	0.65	0.04	17.39

当聚类数量为 4 时,聚类效果最佳:第一类:Sector 12;第二类:Sector 1/9/10;第三类:Sector 2/3/8/11/13;第四类:Sector 4/5/6/7/14/15。聚类中心如图 3-8 所示。

不同聚类中心在该指标下的分布相互交叉,随机选取第 130—160 时间片的数据进行放大观察。在数值分布上,第一类和第二类扇区的分布较为接近,而第三类和第四类更为相似。其中第一类和第二类在部分时间片呈现"对称"的分布特征,如第 130—135,第 153—157,其他时间片变化趋势较为一致;而第三类和第四类样本的指标数值明显低于第一类和第二类,大部分不超过 2 架,曲线"徘徊"在 1 架左右。

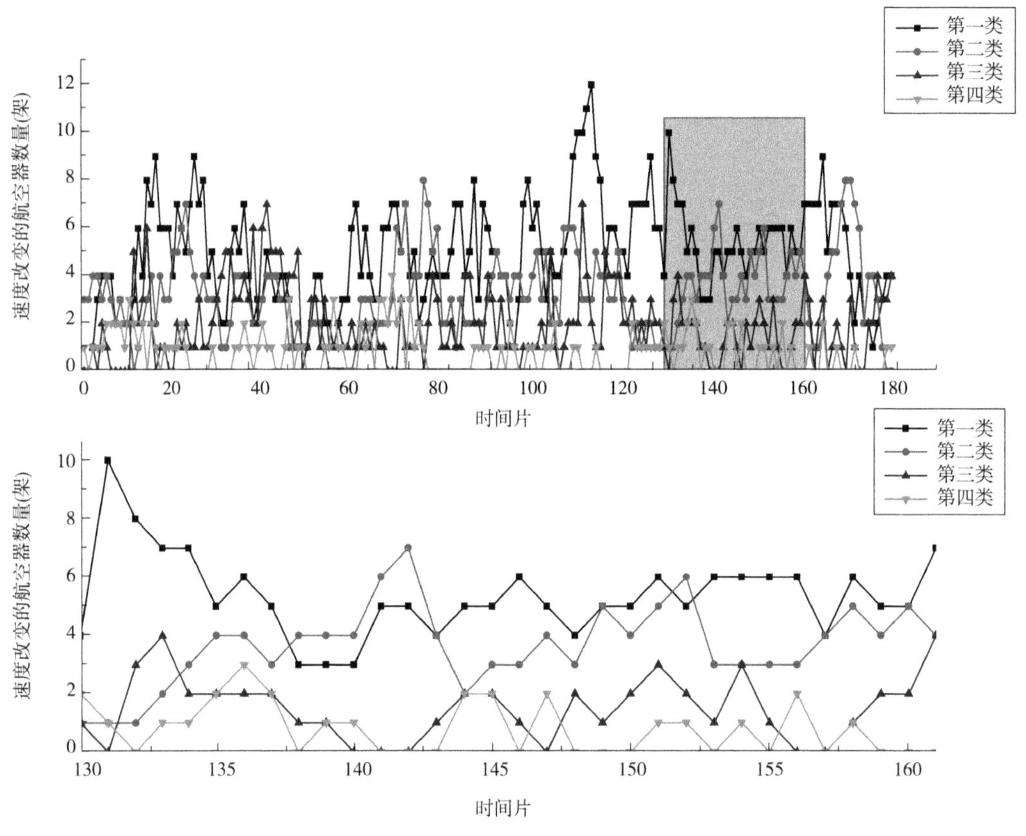

图 3-8 基于速度改变的航空器数量的扇区样本聚类中心

(2)平均速度

使用聚类算法对 15 个扇区平均速度指标的时间序列进行聚类,聚类数量评价结果如表 3-14所示。

聚 类 评 价 结 果 表 3-14

聚类数量	Dunn	DB	聚类质量
2	0.56	0.06	8.65
3	0.57	0.06	9.09
4	0.57	0.06	10.18

确定在该情况下扇区分为 4 类最优:第一类:Sector 1/3/5/6/8/11/12/13;第二类:Sector 7;第三类:Sector 2/4/10/14/15;第四类:Sector 9。聚类中心如图 3-9 所示。

与密度类指标相比,平均速度指标的分布趋势更为明显,在全部样本数据中就能发现从第一类到第四类对应的航空器平均速度由高到低分布,层次清晰,并且在每类样本中,平均速度的波动均较小(第四类略高于其他三类),但在第二类和第三类样本中,由于数据不够完整,丢失航班信息,出现少量时间片内速度为零的情况。随机截取第 20—45 时间片的平均速度数据,可以发现局部数据变化特征与整体基本保持一致,平均速度保持在较为稳定的状态,充分显示了扇区交通运行的稳定性。同样,两个动态类指标的聚类结果也有重叠,与动态类指标 PCA 聚类结果相互佐证。利用不同的交通细节,可以为扇区交通行为识别不同的模式,当放大到更为宏观的层级时,在微观细节的"合力"作用下,扇区交通行为自然会衍生新的模式。

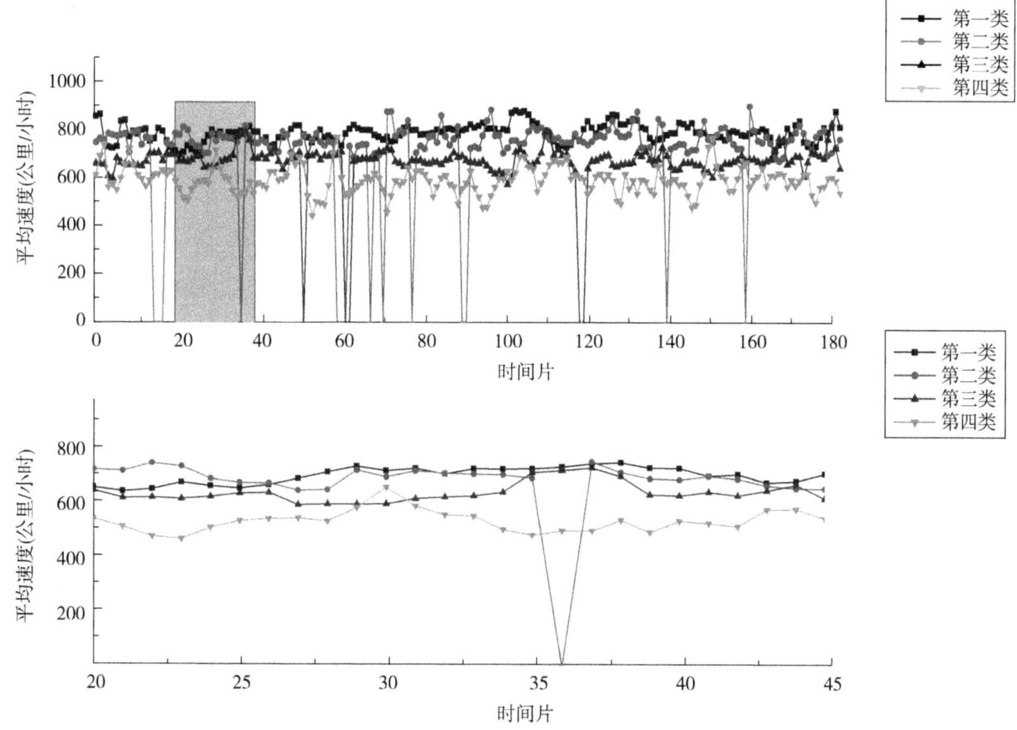

图 3-9 基于平均速度的扇区样本聚类中心

3.4.2.2.3 冲突类

(1)欧氏距离在 0—8 海里内的航空器对数量

使用基于 DTW 的 K-medoids 算法对 15 个扇区进行聚类,聚类数量评估结果如表 3-15 所示。

聚类评价结果 表 3-15

聚类数量	Dunn	DB	聚类质量
2	1.18	0.04	28.94
3	1.29	0.04	29.43
4	0.62	0.05	12.74

当聚类数量为 3 时,取得最佳聚类效果:第一类:Sector 12;第二类:Sector 6;第三类:Sector 1/2/3/4/5/7/8/9/10/11/13/14/15。聚类中心如图 3-10 所示。

第一类和第二类扇区的数值分布更为接近,第三类扇区处于阈值内的航空器对数量明显较少,产生潜在冲突的概率低于其他两类扇区。在截取的时间片中(119—146),第一类扇区的指标呈现一种近似阶梯上升的趋势,在到达峰值后呈现阶梯下降,可能由于扇区内航空器的数量越来越多,导致阈值内的航空器对数量也随之增加,随着对象基数的减少,耦合情况又开始减少。结合密度类指标和动态类指标可以发现,扇区 12 较为典型,交通密度很大,动态特征也非常显著,处于阈值内的航空器对数量也较多,因此发生潜在冲突的概率高于其他扇区,说明该扇区具有复杂的交通态势,管制工作负荷较大。事实上,由于管制员的科学管控,大部分扇区内的航空器对都能保持充足的安全间隔,从而杜绝潜在冲突的可能,所以该指标聚类结果才出现了多次单个扇区为1类的现象,大部分扇区的统计结果都较低。

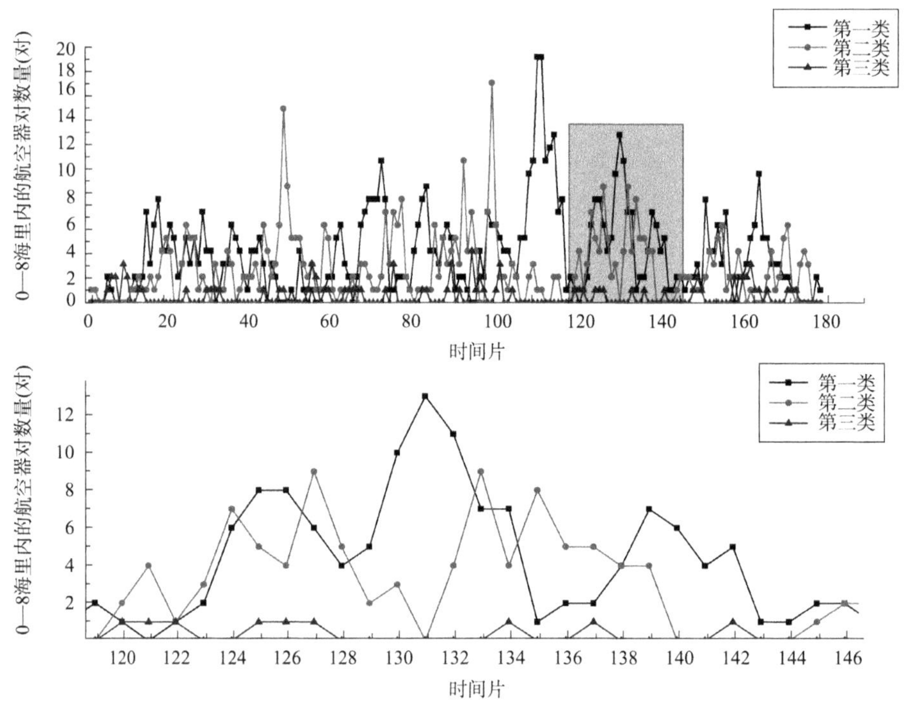

图3-10 基于0—8海里内的航空器对数量的扇区样本聚类中心

(2)追越冲突航空器对数量

使用基于DTW的K-medoids算法对15个扇区追越冲突航空器对数量时间序列进行聚类,聚类评估结果如表3-16所示。

聚类评价结果 表3-16

聚类数量	Dunn	DB	聚类质量
2	0.58	0.05	11.80
3	0.74	0.05	15.95
4	0.84	0.04	13.96

当聚类数量为3时,聚类效果最佳:第一类:Sector 2/11/12;第二类:Sector 1;第三类:Sector 3/4/5/6/7/8/9/10/13/14/15。聚类中心如图3-11所示。

在分布中,第三类指标数值基本低于第一类和第二类,而第一类和第二类在大部分时间片中指标较为接近。截取时间序列中第三类指标数值较高的时段(60—86),在第70—78时间片内,第三类扇区中追越冲突航空器对数量高于其他两类,整体呈现中间高,两端低的凸形分布;第一类扇区虽然在前40分钟内呈上升趋势,并大体高于其他扇区,但随后即开始下降,并一直保持较低水平;第二类扇区在最后半小时内指标呈现峰状分布,陡增至峰值后开始下降。结合0—8海里内的航空器对数量可以确认,扇区12的冲突特性十分显著,运行复杂性较高。与其他两类指标相比,冲突类指标更侧重于对临界状态的监控和分析,而在实际管制中,临界状态发生的次数非常微小，故在使用单个冲突性指标聚类时，细节特征被放大观察，出现了较多扇区聚为1类的情况。

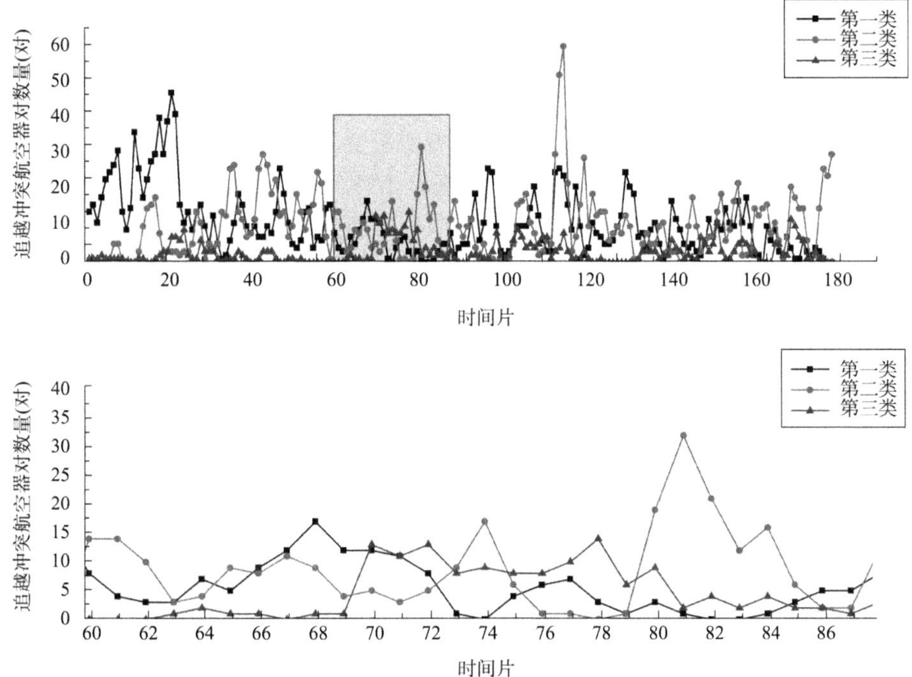

图 3-11 基于追越冲突航空器对数量的扇区样本聚类中心

在实际管制中，管制员面对的是雷达屏幕，屏幕只能显示航空器的二维位置变化，而高度信息需要管制员利用航班标牌进行监控，管制员一般较易处理垂直冲突，而难以处理小于30°汇聚角的冲突。本节使用的追越冲突指标也是基于航空器二维投影位置分析预判，是针对潜在可能性的统计，因此肯定高于追越冲突实际发生的次数，但对于分析扇区内冲突分布特征，也可以提供较好的参考依据。

各类交通行为指标的时间序列反映了扇区交通行为的时变特征，结合变化趋势将扇区分类，同一类扇区具有相似的交通行为分布模式。与基于PCA的聚类结果相比，单个指标时间序列的分析结果可以更加聚焦，对细节的描述更加全面。在制定管理策略时，流量管理或空域管理人员往往处于更加宏观的决策视角，若能利用实际运行中沉淀的海量运行数据，深入挖掘扇区交通行为的历史分布模式，提前掌握扇区交通行为演化趋势、相同模式的扇区对象及数量，便可以针对同类对象进行统一管理，例如为较为复杂的扇区提前制定优化策略，这将会大大提升空管系统的辅助决策能力。此外，基于交通行为指标，结合历史数据也可以充分评估多个空域单元的运行效能，例如效率、安全、复杂性等，准确对比国外以及国内各区域的效能差异，分析空域运行的瓶颈，建立有效的优化方案全面提升空域运行效能。

3.5 本章小结

本章精选了密度性、动态性和冲突性三类指标，构建了描述扇区交通行为的指标体系，以

15 个扇区为样本,根据实际数据,分析了扇区的交通行为模式,首先利用混沌特性分析方法对扇区交通行为自身的规律进行了研究,发现航空器数量、平均管制里程、平均管制时间、平均速度、水平最小间隔、垂直最小间隔等基础交通行为均存在混沌特性;然后基于扇区的多维交通行为进行了聚类分析:①使用主成分分析法较好地精炼了三类指标(均在 90% 以上),利用提取的主成分代表同类指标,分别探究了 15 个扇区样本在同一类指标综合作用下的行为模式;②借助主成分分析对同类指标的精炼结果,选取有代表性的典型指标,利用指标计算结果较为完整的时段(8:00—23:00)建立时间序列,采用基于 DTW 的 K-medoids 聚类算法识别了多个扇区在各个具体交通行为下的分布模式和变化规律,分析结果更加聚焦,对细节的刻画更加全面。本章利用扇区交通行为从相对微观的层面丰富了对空中交通系统中交通行为的研究,其中混沌特性分析结果表明机场和扇区的交通行为存在着共性,利用混沌特性可以大大提升各类交通行为的可预测性;聚类分析结果有助于管理人员全面监控扇区的各类运行态势,建立灵活的空域管理机制,提升空域运行效能。研究结果也可以为交通行为模式的自动化识别奠定基础。

第四章　管制员行为规律挖掘

4.1　概　　述

尽管在过去的几十年内,空中交通管理系统中已经提出了大量先进的运行概念,运用了较多的自动化技术,但空中交通管制员依然在空管系统中发挥着不可替代的作用。作为空管系统中的核心决策人员,管制员的各种行为均会直接影响系统的运行效能和可靠性。因此,在第二、三章完成对空中交通系统交通行为的研究后,本章将以管制员通信行为和眼动行为作为主要研究对象,借鉴人类动力学的研究经验,使用基础统计、去趋势波动分析、最大似然估计等方法,基于北京、上海、杭州、重庆等繁忙地区大量的实际运行数据和雷达模拟机的仿真实验数据进行分析,挖掘管制员行为的基本规律,识别管制行为的重尾特性,探究扇区类型、管制级别、工作经验等众多要素对管制员行为模式的影响。

4.2　管制员通信行为研究

4.2.1　管制工作简述

为了理解空中交通管制这种特殊性质的工作,本节首先对管制工作以及管制员的基本情况进行简述。管制员需要为航空器配备管制间隔,间隔分为垂直或水平两种,利用调整速度、高度、航向等方式能够实现航空器之间的最低间隔标准,保障空中交通安全运行。在任何时间内,对航空器提供管制服务的都只能是一个管制单位;管制单位同意后,可以将现行飞行计划中的有关部分和需要移交的资料发送给接受管制单位。此外,根据管制规定,航空器驾驶员也需要向管制员进行请示和报告,如请求放行许可、开车和滑行;在飞越位置报告点时汇报航空器呼号、时间、位置、飞行高度层等。而管制员根据空中交通的具体态势,向航空器发布管制许可,例如进入跑道、着陆、起飞、跑道外等待、穿越跑道、跑道上掉头等。在航空器进入管制区前,管制单位应当准备好记录有该航空器信息的飞行进程单,航空器在飞行过程中,管制员应当把航空器动态信息、管制许可和管制指令等相关内容清晰地记录到进程单上。

区域、进近、塔台管制员在岗位值勤时应当佩戴耳机,并保持不间断地守听。航空器在飞行的全过程中,飞行员应当在规定的频率上守听,未经管制员批准不得中断守听。为保证陆空无线电通信顺畅有效,管制员和飞行员应当按照民航局规定的无线电报格式、航空器及管制单位识别代号、略语、字母和数字拼读规则以及规定的通信优先次序执行。我国航空器在境内飞行时,使用英语或普通话通话。在境内飞行的境外航空器,无论其国籍,陆空通话应使用英语。管制单位在进行管制活动时,使用世界协调时间。

管制员,顾名思义,即为担任空中交通管制任务的具体工作人员。按照是否具备监视能力并以此为依据进行管制服务,管制工作分为程序管制和雷达管制,在此类标准下,管制员可分为程序管制员和雷达管制员。按照管制技能和职责,管制员分为主任管制员、带班管制员、管制员和见习管制员。而根据工作岗位,管制员又分为塔台管制员、进近管制员和区域管制员三大类。我国管制员实行的是执照管理制度,只有获得了资格证书,才能持证上岗。由于管制员责任重大,工作强度更是超出常人想象,故对管制员值勤时间也有严格规定,例如不能连续值勤超过 10 小时,雷达管制员连续岗位值勤时间不得超过 2 小时,两次岗位值勤时间之间的间隔不得少于 30 分钟等,从而确保管制员能够得到充足的休息,在最佳的精神状态下执行管制指挥任务。

4.2.2 通信行为概述

为了便于管理,管制空域被划分为若干个扇区。每个扇区通常配置 1—2 名管制员,使用唯一的频道与飞行员进行语言通信。管制员与飞行员的语音通信(即空中交通管制陆空通话,亦称陆空通信或陆空通话)必须清晰、简洁,以确保交通运行的安全和高效。为了最大利用通信频道的容量、减少曲解通话内容的风险,国际民航组织制定了标准的陆空通话用语,如下所示:

例 1:标准通话:Kunming ground, CES 2406, radio check, 118. 1。解释:昆明地面,东方 2406,无线电检查,频率 118.1。

例 2:标准通话:CES5231, Guangzhou approach, climb to and maintain 2100m。解释:东方 5231,广州进近,上升到 2100 米并保持。

例 3:标准通话:CES2257, Wuhan Control, unable issue clearance into RVSM airspace, descend to 7800m and maintain。解释:东方 2257,武汉区域,不能发布进入 RVSM 空域的管制许可,下降到 7800 米并保持。

在上述通话中,“东方”代表中国东方航空公司,昆明地面、广州进近和武汉区域代表不同地区不同性质的管制单位。从上述例子可以发现陆空通信务求直接简洁,在尽量短的时间内表达管制员或飞行员的意图,具有鲜明的专业特色。目前,除极少数管制扇区测试使用数据通信技术之外,语音通信仍是大多数管制中心“管制员—飞行员”通信的主要方式。

在第一章国内外研究现状中已经介绍,尽管人类动力学的研究成功描述了大量行为,但对具有特定任务的行为却缺乏相关数据验证。管制员行为与一般人类行为相比有其独特性,主要特征如下:

(1)依赖于工作环境。管制员的主要目标是确保航空器在满足间隔标准的前提下安全到达目的地。空域结构、运行程序和交通状况都是影响管制员行为的客观因素。因此从直觉上来讲,管制员行为的动力特征应是针对具体空域单元的,并取决于空域结构、程序和交通状况。

(2)紧急性。管制员必须在不断变化的运行环境中完成很多任务,并且任务的时间压力大。称职的管制员能够在有限的时间内充分利用资源完成任务。因此管制员使用的工作策略决定了其行为。

(3)与飞行员的频繁交互。先前的研究曾经根据指令内容将管制通信行为分为几类,大部分通信内容都是与飞行员的交流。一般而言,当飞行员与管制员通话后,管制员都会迅速回应。

根据实际情况,将管制员的通信行为定义为:当管制员按下通话按键向飞行员发布指令后松开按键这一过程,并不考虑指令内容。空的指令也视作一个完整的通信行为。图 4-1 是通信行为的示例。定义每个行为 j 的开始时间 $time_j^{start}$ 和结束时间 $time_j^{end}$,那么可以得到行为的时间长度 $L_j = time_j^{end} - time_j^{start}$。人类动力学研究中广泛分析的两个指标分别是事件间隔时间 τ 和响应时间 τ_w(或等待时间)。在管制行为中,事件间隔时间是管制员连续两次通话行为之间的时间间隔,响应时间是管制员与同一飞行员进行通话行为的时间间隔,在本章中,我们只研究事件间隔时间。

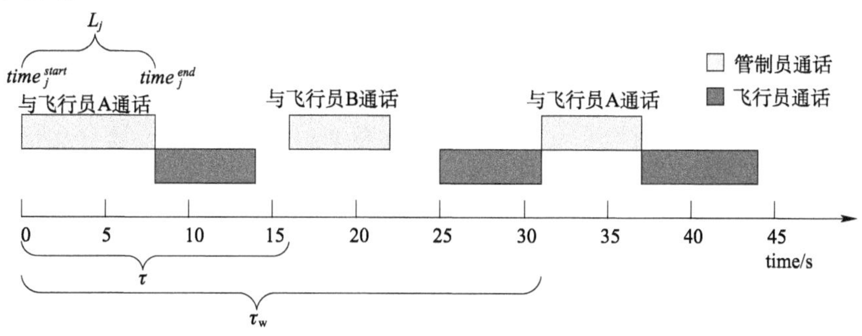

图 4-1 管制员通信行为定义

4.2.3 分析方法

4.2.3.1 去趋势波动分析法

长程相关性是指系统的自相关性在经过较长的时滞后仍然保持较高的水平,相关性的衰减是缓慢渐进(幂律,幂指数在一定范围内)的。长程相关表明时间序列的变化不是一个随机过程,历史时刻的数值会影响现在和未来序列特性的变化,例如在某时刻前存在着下降趋势,则预示在该时刻后,时间序列总体也存在下降趋势,说明跨时间尺度的事件之间存在相关性,即时间序列的记忆效应。采用去趋势波动分析法(Detrended Fluctuation Analysis, DFA),判断通信间隔时间的自相似特征[179-182]。DFA 法是由 Peng 等生物物理学家在 1994 年探测 DNA 内部分子链的相关性程度时首先提出的,已经广泛地用于不同领域,如金融、气候、生理学等,用于定量分析不同随机处理过程的统计特征。DFA 方法可以较好地去除时间序列的局部趋势估计标度指数,通过标度不变性来刻画时间序列的长程相关特性,避免了将时间序列的短程相关、非平稳性虚假地检测为长程相关性,减少了对相关性的错误判断。

假设时间序列为$\{x_t, t=1,2,\cdots,N\}$,x_i 表示时间序列中第 i 个值。DFA 分析方法的详细步骤如下:

(1)计算 x_t 的累计离差序列$\{y_t, t=1,2,\cdots,N\}$:

$$y_t = \sum_{i=1}^{t}(x_i - \bar{x}), \bar{x} = \frac{1}{N}\sum_{t=1}^{N} x_t \tag{4-1}$$

(2)将时间序列 y_t 划分为 N_s 个不重叠的区间,每个区间均含有 s 个数据,$N_s = [N/s]$(取整)。但时间序列的长度 N 不一定都是 s 的整数倍,因此该情况下会造成对时间序列的数据利用不完全。为了解决该问题,可对时间序列 y_t 逆向采取相同操作,最终可得到长度为 $2N_s$ 的区间。

(3)使用最小二乘法对每个区间 r 进行拟合,得到每个区间的局部趋势,原时间序列去除对应的局部趋势后得到新时间序列记为 $dfy_t(r)$:

$$dfy_t(r) = y_t - y_t(r) \qquad (r = 1,2,\cdots,2N_s) \tag{4-2}$$

其中,$y_t(r)$是区间 r 的拟合多项式。根据拟合多项式的次数,可分为一阶 DFA(DFA1),二阶 DFA(DFA2)等。

(4)计算每个区间减去趋势后的方差:

$$F_r = \frac{1}{s}\sum_{m=1}^{s}(dfy_m(r))^2 \qquad (r = 1,2,\cdots,2N_s) \tag{4-3}$$

(5)对所有区间的 F_r 取均方根:

$$F(s) = \sqrt{\frac{1}{2N_s}\sum_{r=1}^{2N_s}F_r} \tag{4-4}$$

$F(s)$反映时间序列波动的程度,通常随着时间长度(s 表示时间序列内每个区间的长度,区间长度也就反映了该区间的时间跨度和包含数据的个数)的增大而增加。利用 $F(s)$和 s 的双对数形式,确定波动函数的标度指数 c,$\log_{10}F(s) \propto c\log_{10}s$,分析 $F(s)$和 s^c 的线性关系。通过 $c\log_{10}s - \log_{10}F(s)$的散点图,更加直观地判断时间序列是否具有长程记忆。根据 c 的数值区间,可以判断时间序列的相关性:

(1)$0 < c < 0.5$:表示时间序列短程相关;

(2)$c = 0.5$:表示时间序列具有标度不变性,可视为一个独立的随机过程;

(3)$0.5 < c < 1$:表示时间序列是长程相关的;

(4)$c = 1.0$:表示时间序列不具备长程相关性,是 $1/f$ 噪声。

当 $5 \leqslant s \leqslant N/2$ 时,估计 c。

c 值越大,长程相关性越强。

4.2.3.2 分布类型及估计方法

概率密度函数表示在某个确定取值点附近的可能性的函数,是幅值函数。连续型随机变量情形下的概率分布称为概率密度函数,离散型随机变量下该函数则称为分布律。常见的离散性随机变量分布律有 0—1 分布、二项分布、泊松分布等;连续型随机变量概率密度分布有均匀分布、指数分布、正态分布、对数正态分布、逆高斯分布、幂律分布等。这些都是常用的概率密度函数(或分布律)。

泊松分布被广泛应用于多个领域内模拟随机事件,如机场航班到达等。人类动力学的研究成果表明人类很多行为符合具有重尾特征的幂律分布,具体表现为长时间的静默与短期的高频率爆发,其时空分布特征与所处环境无关,行为之间具有内在相似性。事实上,直接符合幂律分布特征的经验数据较少,在大多数情况下,只有大于临界值的数据才符合幂律特征[183-184]。基于人类动力学对众多行为的研究基础,可以进一步探索我国管制员通信间隔时间的分布规律。

极大似然估计法(Maximum Likelihood Estimate,MLE),也称为最大概似估计或最大似然估计，是建立在极大似然原理基础上的一个统计方法，可用于估计间隔时间的分布类型。

假设一个实验有 n 个可能结果 $A_1, A_2, \cdots, A_n$，完成一次实验后，若事件 A_i 发生了，则认为事件 A_i 在 n 个可能结果中出现的概率最大。极大似然原理认为一次实验就出现的事件应该有较大的概率，所以极大似然估计就是在一次抽样中，若得到观测值 $x_1, x_2, \cdots, x_n$，则选取 $\hat{\theta}(x_1, x_2, \cdots, x_n)$ 作为 θ 的估计值，使得当 $\theta = \hat{\theta}(x_1, x_2, \cdots, x_n)$ 时，样本出现的概率最大。

利用最大似然法估计参数的一般步骤如下：

(1)构造似然函数 $L(\theta)$。

①离散型随机变量

当 X 为离散型随机变量时，假设分布律为 $P\{X = k\} = p(x;\theta)$，θ 为待估计参数，$\theta \in \Theta$，X_1，$X_2, \cdots, X_n$ 是来自总体 X 的样本。若 $x_1, x_2, \cdots, x_n$ 为对应的样本值，可得概率函数为：

$$P\{x_1, x_2, \cdots, x_n\} = \prod_{i=1}^{n} p(x_i;\theta) \tag{4-5}$$

当 $X_1, X_2, \cdots, X_n$ 固定时，上式可表示为 θ 的似然函数，记为 $L(\theta) = L(x_1, x_2, \cdots, x_n;\theta) = \prod_{i=1}^{n} p(x_i,\theta)$，$\theta \in \Theta$。此时，似然函数的大小反映了该样本值出现的可能性。根据极大似然原理，样本 $X_1, X_2, \cdots, X_n$ 取值 $x_1, x_2, \cdots, x_n$ 时可能性最大，则：

$$L(x_1, x_2, \cdots, x_n;\hat{\theta}) = \max_{\theta \in \Theta} L(x_1, x_2, \cdots, x_n;\theta) \tag{4-6}$$

$\hat{\theta}$ 即为参数 θ 的极大似然估计值。

②连续型随机变量

当 X 为连续型随机变量时，假设概率密度为 $f(x;\theta)$，θ 仍为待估计参数，$\theta \in \Theta$，$X_1, X_2, \cdots$，X_n 是来自总体 X 的样本，$x_1, x_2, \cdots, x_n$ 为对应的样本值，同理可得似然函数为：

$$L(\theta) = L(x_1, x_2, \cdots, x_n;\theta) = \prod_{i=1}^{n} f(x_i;\theta), \theta \in \Theta \tag{4-7}$$

若 $L\left(x_1, x_2, \cdots, x_n;\hat{\theta}\right) = \max_{\theta \in \Theta} L(x_1, x_2, \cdots, x_n;\theta)$，则可得到参数的最大似然估计值。

综上所述，$L(\theta)$ 表示为：

$$L(\theta) = \begin{cases} \prod_{i=1}^{n} p(x_i;\theta), \text{离散型} \\ \prod_{i=1}^{n} f(x_i;\theta), \text{连续型} \end{cases} \tag{4-8}$$

(2)取对数：$\ln L(\theta)$，因为直接对变量求导会增加计算的复杂性，而对数函数是单调递增函数，与 $L(\theta)$ 具有相同的最大值点，因此可以通过取对数减轻难度。

(3)求取变量 θ 的导数，令 $\frac{d\ln L(\theta)}{d\theta} = 0$，注：当有多个变量时，分别对不同的变量求偏导数，并令其为零得到关于多个变量的似然方程组。

(4)求解上述似然方程(组)，获取极大似然估计值。

当似然方程(组)无解，或似然函数不可导，则说明在当前情况下此法失效，需改用其他方法，如定义法、比值法等，本节不做具体介绍。

4.2.4 历史数据

本节所用通信数据是来自上海、北京、重庆和贵阳四个地区部分繁忙管制扇区的录音数据。通信时间数据现场采集于2012年5月22日—5月25日、6月12日—6月14日等多个日期。数据共包含了81组练习，涉及13个扇区，约200个航班，每个地区的数据情况详见表4-1。

通信数据信息　　表4-1

地　　区	练习数量	总通话记录数量	管制员通话记录数量	管制员通话记录数量（区域扇区）	管制员通话记录数量（进近扇区）
上海	32	14574	6681	3821	2860
重庆	17	7679	3995	3066	929
北京	23	7330	3642	3642	0
贵阳	9	5064	2287	1268	1019
总量	81	34647	16605	11797	4808

每条通信记录数据中均包含了通信对象、通信开始时间、通信时长、扇区类型、扇区名称、航班号、记录日期等信息，但没有记录具体通信内容。

4.2.5 实例分析

4.2.5.1 去趋势波动分析

利用去趋势波动分析方法计算可得，上海、北京、重庆等三个地区的数据点斜率接近，均在0.8左右，数据具有长程相关性。由于贵阳地区通信记录数据较少，所以可能导致管制员通信行为的相关性与其他三个地区相比不够显著，但斜率也在0.64左右，具体情况如图4-2所示。因此，整体看来，管制员通信时间间隔具有长程相关性。

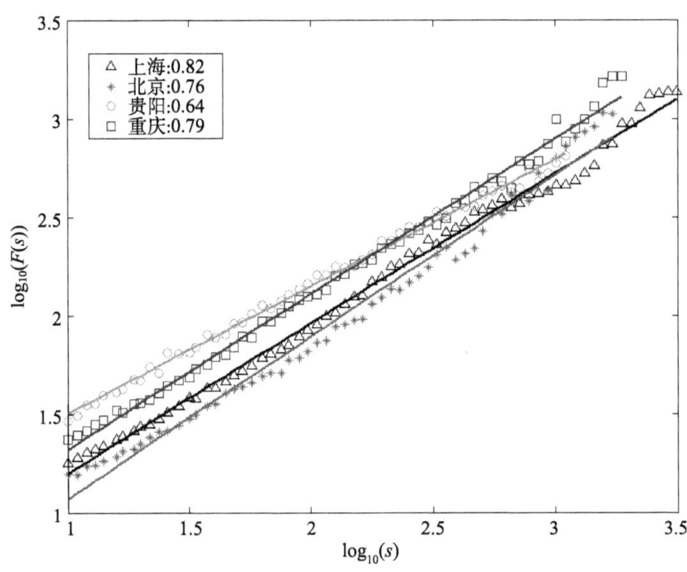

图4-2　通信间隔时间长程相关性

同时，为了进一步验证管制员通信活动间隔时间的相关性，从个体层面对四个地区的通信间隔时间分布进行了计算，相关性分布区间如表4-2所示。

相关性分布区间　　表 4-2

地　　区	管制员数量	相关性区间
上海	12	0.55—0.85
北京	12	0.51—0.78
重庆	7	0.56—0.80
贵阳	6	0.56—0.82

从各地区管制员个体的相关性分布区间来看,整体分布水平均高于0.5,个体最高值出现在上海地区,而个体最低值则出现在北京,单个管制员通信间隔时间依然是长程相关的,与群体层面的相关性一致。

在图 4-3 中,横坐标表示地区编号,1—4 分别对应上海、北京、重庆、贵阳,从均值方差图可以看出,除北京外,其他三个地区的相关性均值基本近似,且均高于北京;而就分布的波动性而言,四个地区并无明显差别,变化幅度基本相同。虽然从地区总量上看,北京通信数据记录较高,但由于部分样本通信记录数据较少而导致北京地区管制员平均通信记录数量最低,因此其个体管制员的平均相关性水平也就相对较低。

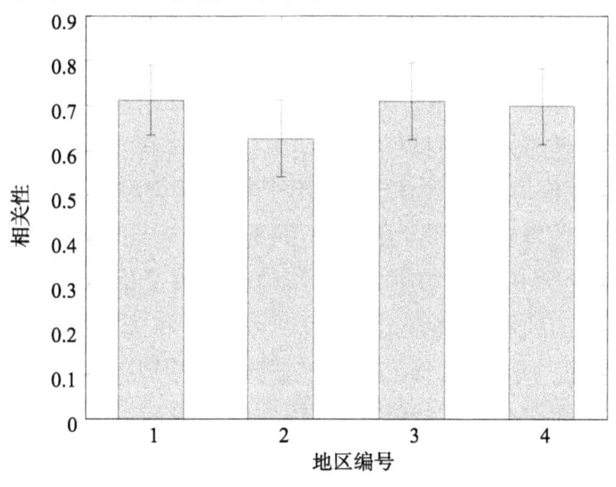

图 4-3　相关性均值方差图

除了考虑管制员个体差异外,还可以进一步分析不同类型管制扇区对通信行为相关性的影响。将通信数据根据扇区类型分为两类:区域扇区和进近扇区,使用去趋势波动分析法求得不同类型扇区管制员通信行为的相关性。北京地区采集的通信数据中没有进近扇区数据。

在图 4-4 中,1—3 分别对应上海、重庆和贵阳,可见所有地区区域扇区和进近扇区的长程相关性均大于 0.5(北京区域扇区 0.82)。就相关性趋势而言,全部数据和进近扇区的保持一致:上海最高,重庆中等,贵阳最低,而区域扇区不存在该规律;扇区类型并没有与相关性的分布趋势形成一致的变化关系。由此可知,无论何种扇区类型,通信行为均呈现长程相关性,但可能由于地区样本数量较少,还未能明确发现扇区类型对相关性的定性或定量影响,仍有待收集更多的通信数据做进一步的研究分析。

综上,北京、上海、重庆和贵阳四个地区的通信数据表明管制员通信间隔时间在群体和个体层面均存在长程相关性;无论在区域扇区或进近扇区中,通信行为始终保持长程相关性。计算结果表明管制员的通信行为不是随机的,之前的通信行为将影响当下和未来的通信行为,存在着“记忆效应”。管制员未来行为的趋势与其历史变化趋势呈正相关。未来,可以结合通信行为的数据特性及影响因素，进一步构建预测方法，预测管制员的通信行为。

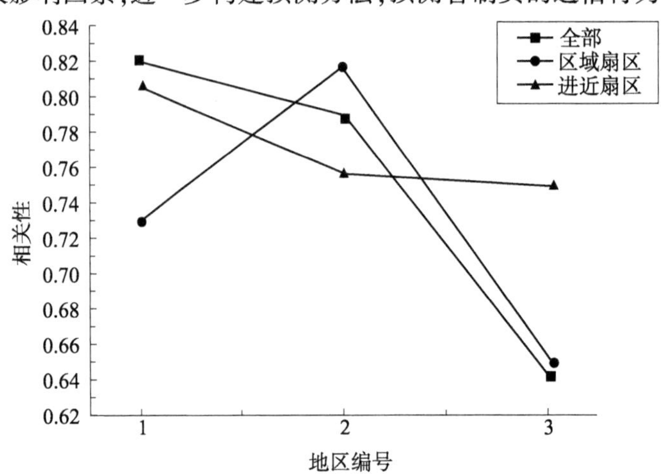

图 4-4　不同类型扇区相关性对比

4.2.5.2　概率分布分析

利用 MATLAB 工具箱实现了极大似然估计。选取泊松分布、指数分布、正态分布、对数正态分布、逆高斯分布、幂律分布等几种常见概率密度或分布律函数拟合各地区通信间隔数据。表 4-3 中给出了四个地区通信间隔数据的拟合结果，其中幂律分布拟合结果是基于文献[184]所提出的方法。*LR* 是对数似然函数值比例，可用于判断拟合结果的优劣，其绝对值越小，拟合结果越好。观察各个地区估计结果可以发现，不同地区对于同一类型的分布参数拟合结果也较为一致，变化波动较小。而根据对数似然比可以发现，每个地区不同函数分布拟合结果的变化趋势是一致的，幂律分布最优，逆高斯分布其次，泊松分布拟合效果最差。计算结果与参考文献[183-184]的研究结论一致，每个地区大于“临界值”的数据能够较好地符合幂律分布(数据显示临界值约为 8 秒)，而且大于临界值的数据比例整体较高(上海 73.89%，北京68.70%，重庆 74.05%，贵阳 82.95%)。除了幂律分布外，逆高斯分布对于通信间隔时间的拟合效果最好，但已有研究成果中尚没有证实该类分布对于人类其他行为具有普适性解释，所以不能完全排除过拟合的情况。综合考虑，近似认为幂律分布不仅能更佳地反映管制员语音通信间隔时间的分布特征，也能够从底层机理上引证人类动力学的研究成果解释管制员的通信行为规律。

通信数据概率分布拟合结果　　表 4-3

分布类型	参　数	上　海	重　庆	北　京	贵　阳
泊松分布	λ	24.56	28.27	19.41	38.37
	LR_1	- Inf	- Inf	- Inf	- Inf
指数分布	θ	24.56	28.27	19.41	38.37
	LR_2	-28062.60	-17185.31	-14444.31	-10628.52
正态分布	μ	24.56	28.27	19.41	38.37
	σ	31.80	42.72	27.42	53.13
	LR_3	-32585.40	-20477.30	-17227.10	-12330.40

续上表

分布类型	参　数	上　海	重　庆	北　京	贵　阳
对数正态分布	μ	2.69	2.73	2.50	3.06
	σ	0.98	1.08	0.89	1.07
	LR_4	-27297.40	-16731.30	-13834.11	-10398.00
逆高斯分布	μ	24.56	28.27	19.41	38.37
	λ	15.78	12.92	15.87	19.17
	LR_5	-21102.63	-13112.23	-10439.71	-8261.71
幂律分布	α	1.91	1.74	1.57	1.35
	LR_6	-1280.77	-3053.55	-1246.63	-1162.27

以管制员通信间隔时间 τ 和概率分布 $P(\tau)$ 为基础，做出双对数形式分布图，如图 4-5 所示。可以发现，通信行为确实呈现了显著的重尾模式。

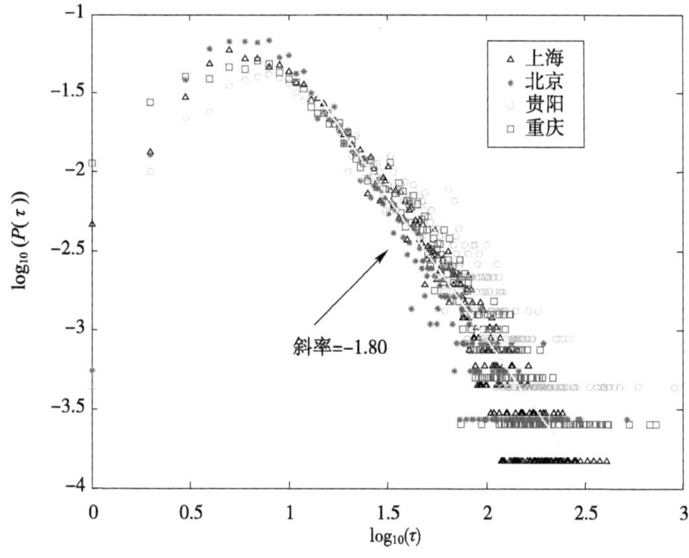

图 4-5　通信间隔时间概率分布双对数图

Cardosi 对管制员与飞行员的通信时长进行统计后发现，管制员完成一次完整的通信需要 11 秒，包括管制员发出指令和监听飞行员的复诵[185]。而在所有 81 组数据中，最长通信时间间隔为 240 秒时，其累积概率为 99.8627%，几乎覆盖了所有间隔时间数据。因此，选取通信间隔在 11—240 秒范围内的数据再次进行幂律分布拟合，结果如图 4-5 中所示，其斜率为 -1.8(即幂指数为 1.8)，表明在所选时间范围内的时间间隔分布可用幂律分布 $p = x^{-1.8}$表示。

人类动力学的最新研究报告指出，人类通信行为的经验数据和仿真数据并不只是单一形式的幂分布[186]，还会呈现双峰分布。这与 Barabasi 模型[65]的最大区别在于，除了基于优先级的排队决策外，随机泊松处理过程、个体之间的交互等都会导致人类动力学的重尾特征。因此，管制员在工作时会基于航班的优先级指挥机组，既会与飞行员通信，也会与协调管制员、其他扇区的管制员形成交互，而其自身的通话也具有一定的相关性（长程相关性），故符合重尾特征。管制员通信活动幂指数分布在[1.35,1.91]之间，与电子邮件(1)、传统信件(1.5、2.1)、手机短信(1.2—1.7)等日常通信活动的幂指数相比存在重叠，说明基于幂律分布的行为在形成机理上存在共性，但在具体表征上由于涉及对象、事件的性质不同存在差异。

为了进一步分析不同管制扇区类型对管制员通信行为的影响，将每个地区管制员通信数据根据扇区类型分为两类：区域扇区和进近扇区，然后利用最大似然估计分析通信间隔时间的分布特征。具体分析结果如表4-4和表4-5所示。

区域扇区通信数据概率分布拟合结果 表4-4

分布类型	参数	上海	重庆	北京	贵阳
泊松分布	λ	27.41	28.98	19.41	43.64
	LR_1	-67676.80	-Inf	-Inf	-Inf
指数分布	θ	27.41	28.98	19.41	43.64
	LR_2	-16467.92	-13226.31	-14444.30	-6055.91
正态分布	μ	27.41	28.98	19.41	43.64
	σ	36.82	46.05	27.42	61.30
	LR_3	-19195.50	-15897.40	-17227.10	-7017.42
对数正态分布	μ	2.75	2.70	2.50	3.13
	σ	1.04	1.12	0.89	1.13
	LR_4	-16062.51	-12839.23	-13834.12	-5929.67
逆高斯分布	μ	27.41	28.98	19.41	43.64
	λ	15.54	11.75	15.8723	18.81
	LR_5	-12547.10	-10067.32	-10439.7	-4734.95
幂律分布	α	1.66	1.44	1.74	1.08
	LR_6	-1841.03	-731.03	-1246.63	-937.17

进近扇区通信数据概率分布拟合结果 表4-5

分布类型	参数	上海	重庆	贵阳
泊松分布	λ	20.74	25.97	31.82
	LR_1	-31606.51	-12840.62	-Inf
指数分布	θ	20.74	25.97	31.82
	LR_2	-11532.22	-3954.73	-4544.85
正态分布	μ	20.74	25.97	31.82
	σ	22.89	29.32	39.83
	LR_3	-13011.90	-4456.19	-5199.94

续上表

分布类型	参　数	上　海	重　庆	贵　阳
对数正态分布	μ	2.62	2.81	2.97
	σ	0.88	0.94	0.98
	LR_4	-11176.32	-3867.19	-4450.21
逆高斯分布	μ	20.74	25.97	31.82
	λ	18.38	19.24	20.21
	LR_5	-8491.95	-3003.52	-3511.75
幂律分布	α	1.86	1.38	1.24
	LR_6	-1027.78	-869.96	-409.93

北京地区采集的通信数据中没有进近扇区，故不在表4-5中列出。将表4-4、表4-5的结果与表4-3进行对比，可以发现，不同的扇区类型对估计结果并未产生明显的影响，各地区区域扇区和进近扇区的通信行为分布特征与不区分扇区类型的分布结果较为相似，分布规律也类似，幂律分布依然是最佳的拟合结果，逆高斯分布其次。

为了直观对比扇区类型对通信间隔时间幂律分布的影响，选取上海、重庆、贵阳三个地区的幂指数，如图4-6所示。

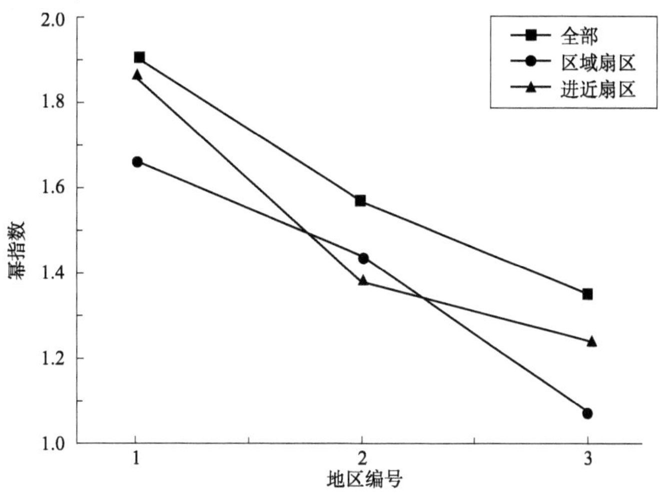

图4-6　不同类型扇区幂指数对比

在图4-6中，1—3分别对应上海、重庆、贵阳。整体而言，每个地区全部数据的幂指数最高，其次是进近扇区，最后是区域扇区；扇区结构对不同地区的幂指数大小没有影响，皆为上海最高，重庆次之，贵阳最低。但由于目前地区样本数量较少，形成的分布规律或模式还不足以形成普适性结论，仅是对当前样本的情况进行阐述。

为了更为形象地说明，选取上海地区为例，根据管制员全部通信数据、区域扇区管制员通信数据和进近扇区管制员通信数据，在双对数坐标中画出其通信间隔时间的分布，如图4-7所示。通信间隔时间在11—240秒范围内的数据幂律拟合的斜率为-1.92，与图4-5中拟合结果相差不大，表明不同扇区类型并未对通信行为产生显著影响。

综上,通信间隔时间符合幂律分布特征,扇区类型不会影响分布特性。

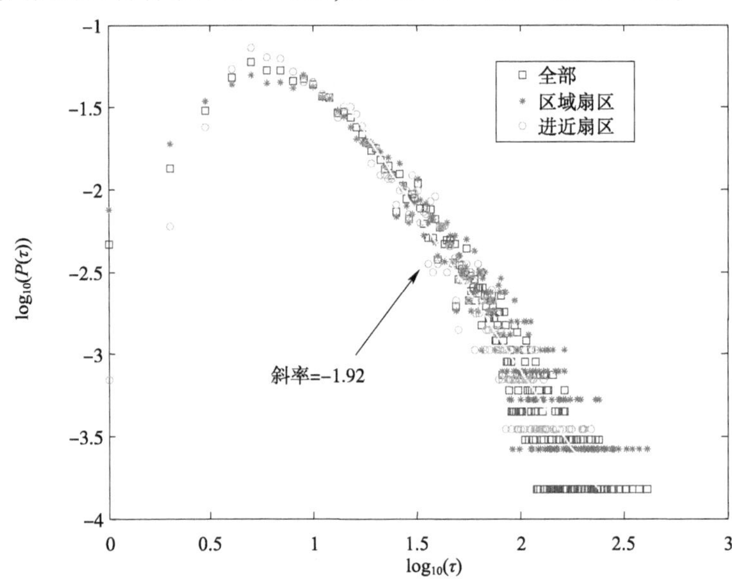

图 4-7 不同类型扇区通信数据分布对比

4.3 管制员眼动行为研究

管制指挥是一项高度复杂的协调性任务,需要管制员及时从雷达屏幕或辅助决策设施获取有效信息,并依据交通态势合理分配注意力,完成监控、搜索、定位等视觉处理任务。随着航班密度的增加,空中交通运行场景变得愈加复杂,眼动行为作为管制员常规工作行为的重要组成部分,理解其特性规律将有助于挖掘管制员的认知行为模式,改善人机交互体验,采用数据驱动的方式提升管制员的工作效能。

4.3.1 眼动行为介绍

人类在执行任务时,通过五官从周围环境获取信息,而其中 80% 的信息来自视觉。视觉行为可分为 6 个认知心理过程:视觉寻找(Visual search),发现(Deteetion),分辨(Discrimination),识别(Recognition),确定(Identification)和记忆搜索(Memory seareh)[187]。基于视觉认知能力,人类能够搜寻、加工、解释及存储视觉信息,认知环境。在实际观察过程中,通过眼球转动,可以选择在某个物体上短暂停留收集信息,也可以在物体之间迅速地切换寻找新目标,视线在时空范围内形成难以捉摸的轨迹。依据眼球短暂停留与迅速移动的特性,可以将其区分为注视(Fixations)和扫视(Saccades)。平滑追踪(Smooth pursuit)是一种特殊的眼动模式,针对缓慢移动的目标,眼球也会缓慢地随之移动,但没有目标的缓慢运动刺激时,该类运动就不会产生,因此在本书中不考虑该形式的眼动行为。眼睛快速睁开之后随之出现眼睛快速闭合,这个过程为眨眼(blink)行为。眨眼也是一种保护性的神经反射,通常与疲劳、工作负荷等指标有关。数据统计表明,正常人平均 2—6 秒就要眨眼一次,每次眨眼时间是 0.2—0.4 秒[188]。本章将主要针对注视行为和扫视行为进行重点分析。

4.3.1.1 注视行为

注视行为是视线对某观察物体的短暂停留，具体表现为眼睛的中央窝对准物体的时间超过100ms（通常持续200—300ms），此时注视物体成像在中央窝上，经过更充分的视觉加工形成清晰的像。绝大部分视觉信息在注视时段才能获得并被加工。注视过程中还会同时发生三种极为细微的眼动行为，分别是眼球震动、慢速漂移和微扫视（microsaccades）。慢速漂移会使目标逐渐离开中央窝的中心，而微扫视可以纠正该偏差，防止目标物体在视网膜上的成像漂移过远而消失，眼球震动则可以将刺激信息调制成交流信号以便能通过视觉通道。这些细微的眼动行为保证了视觉信息的充分提取。

注视行为度量指标包括：

（1）兴趣区域（Area of Interest，AOI）数量：距离接近的注视点近似聚集在一起，表明物体吸引了观察者的注意力，每一组聚在一起的注视点便形成了一个兴趣区域（与下文眼动行为识别算法中的注视点组实际意义一致）。通过兴趣区域，可以了解视觉信息的关键目标。通常可以将兴趣区域视作圆形，根据点坐标确定圆心和半径，估计兴趣区域的范围。

（2）注视点数量（Number of gaze points）：兴趣区域内所有注视点的数量之和。

（3）注视持续时间（Fixation duration）：兴趣区域内所有注视点的注视总时间，平均注视持续时间则是所有兴趣区域内注视总时间与兴趣区域数量的比值。

一般情况下，兴趣区域数量越多，说明环境内需要关注的目标就越多；注视点越多，表明兴趣区域内所需处理的信息量就越大，相同区域注视的次数越多，说明该区域就越重要；注视持续时间越长，则表明该区域内信息处理难度越大。

4.3.1.2 扫视行为

扫视行为是指视线的快速移动，视觉中心从注视点飞快地跳跃至另一注视点，扫视并不是平滑的。扫视过程中，扫视幅度一般为1°—40°视角，持续时间是30—120ms，扫视速度为40°—600°/s。在扫视期间，由于图像在视网膜上移动过快，因此视觉是模糊的，眼球几乎不获取任何视觉信息。扫视是探索视觉环境最有效的方法。

扫视行为可用度量指标包括：

（1）扫视持续时间：眼球从一次注视运动结束至下一个注视运动开始时所用的时间。

（2）扫视幅度：扫视从开始到结束眼睛跳跃的范围，通常用视角角度表示。

（3）扫视速度（saccadic velocity）：每一次扫视幅度与扫视持续时间的比值。

（4）扫视点数量。

通常，扫视持续时间越长，说明视觉搜索环境内的有价值信息较少；扫视幅度越大，说明前一次注视获取的有用信息越多；扫视角速度越大，说明搜寻目标的速度越快。

4.3.2 眼动行为识别算法

由于所用设备在采集眼动行为数据时并不能判别该行为是注视还是扫视，为了有效提取注视和扫视数据，需要设计合适的算法对原始数据进行分析。科学高效的眼动行为识别算法应具备较强的稳健性，保证识别结果不受眼动行为复杂性和具体眼动检索路径的干扰，同时能够相对完整的保留眼动过程中的视觉模式。目前，眼动行为识别算法（流程图见图4-8）主要包括两大类:基于空间标准的区分和基于时间标准的区分。基于空间标准的识别算法主要是依据原始眼动数据点之间的移动速度、数据点分布等;基于时间标准的区分算法主要是依据持续时间信息以及局部自适应性[189]。

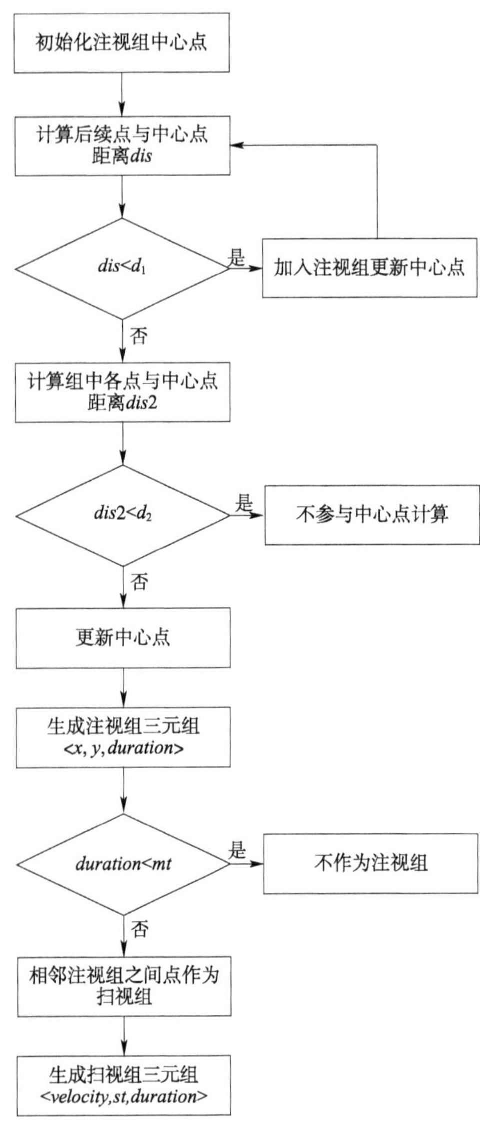

图 4-8 眼动行为识别算法流程图

在综合考虑了空间标准和时间标准的基础上,本节设计的识别算法设置了三个参数,包括两个空间标准参数(划分临界距离 d_1,聚簇临界距离 d_2)和一个时间标准参数(注视最小持续时间 mt)[190]。

根据采集的数据格式,主要选取其中的三维数据 x,y,$time$(x 为视线与屏幕交点的横坐标,y 为视线与屏幕交点的纵坐标,$time$ 为产生该条记录的时间)作为算法输入来区分行为,算法的核心思想是从原始数据中寻找各个注视行为的注视中心以及注视持续时间,从而识别注视、扫视行为。具体步骤如下:

步骤 1:假设初始输入数据第一个点坐标(x,y)为均值坐标($mean\_x$,$mean\_y$);

步骤 2:计算后续数据点坐标与均值坐标的欧氏距离 dis:

$$dis = \sqrt{(mean\_x - x)^2 + (mean\_y - y)^2} \tag{4-9}$$

若 dis 小于 d_1,则将该点加入当前注视组,并重新计算均值坐标:

$$mean\_x = \frac{\sum_{i=1}^{n} x_i}{n} \tag{4-10}$$

$$mean\_y = \frac{\sum_{i=1}^{n} y_i}{n} \tag{4-11}$$

其中,(x_i,y_i)为当前注视组中第 i 个点坐标,n 为当前注视组中点个数;

步骤 3:重复步骤 2,直至 dis 大于 d_1,则一个注视组生成完毕,记录当前均值坐标,将当前点设置为新的注视组起点,并将该点坐标设置为新的均值坐标;

步骤 4:重复步骤 2 和 3,直至眼动行为原始数据时间序列遍历完成,生成初步区分结果;

步骤 5:根据步骤 4 生成的区分结果,在每一个注视组内分别计算组内各点与该组均值点之间的欧氏距离。若某点与均值点的欧氏距离大于 d_2,则该点不参与所在组的中心坐标计算,依据筛选结果,用四元组 $<x_c, y_c, st_f, duration_f>$ 代表每个注视组,其中 x_c,y_c 为注视组的注视中心,st_f 为注视开始时间,$duration_f$ 为注视持续时间;

步骤 6:若注视组的 $duration$ 小于 mt,则该组不作为注视组;

步骤 7:依据注视组区分结果,任意两个不相邻注视组之间的数据点归为一个扫视组,用三元组 $<velocity, st_s, duration_s>$ 代表各个扫视组,其中 $velocity$ 为扫视速度,st_s 为扫视开始时间，$duration_s$ 为扫视持续时间。

经过多次实验，为了保证算法的稳健性，参数设置如下：d_1 为 0.01m；d_2 可以通过比较注视组中点的坐标标准差（s_x，s_y）确定，其中 s_x 为注视组中所有点的 x 值标准差，s_y 为注视组中所有点的 y 值标准差，则 $d_2 = 3 * (s\_x + s\_y)^{1/2}$；由于所用眼动仪的采样间隔为16.7ms，因此设置 mt 为 16.7ms。

图 4-9 是依据上述算法以及参数设置，对实际采集数据处理后的一段眼动轨迹。圆圈表示管制员关注的兴趣区域（根据注视点组生成），圆圈内的点则为注视点，线条表示扫视轨迹，箭头表示扫视方向，箭头处也即是扫视点。

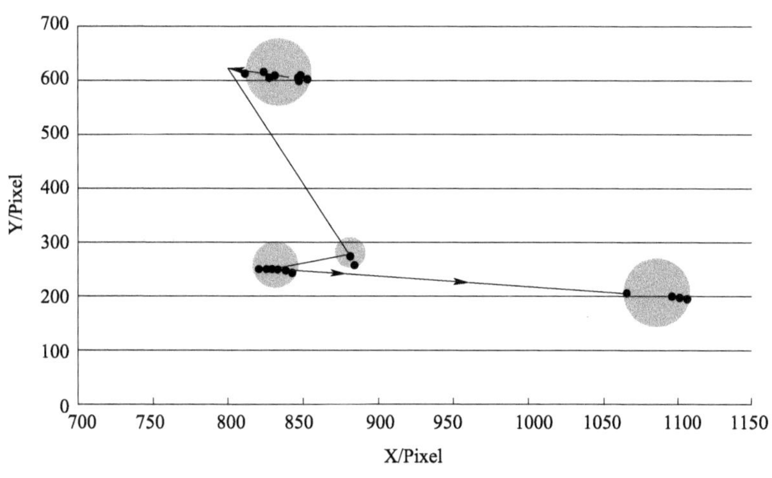

图 4-9 管制员眼动轨迹示意

4.3.3 分析方法

本节采用统计分析等方法对管制员眼动行为数据进行对比分析，由于相关方法具体步骤已在 4.2.3 中阐述，故在此不再介绍。

4.3.4 实验设置

4.3.4.1 实验场景

为了分析复杂管制任务下的眼动行为，使用雷达模拟机系统进行仿真练习。模拟机管制席位的功能和界面均和运行单位的管制指挥系统一致。

选择杭州进近 03 号扇区作为模拟的空域环境，空域结构如图 4-10 所示，灰线代表扇区边界，黑线代表杭州萧山国际机场的进离场航线。红色箭头代表进场交通流，绿色箭头代表离场交通流。扇区的水平范围为：宣城—平桥—长岗林—南浔—上虞—张村—桐庐—宣城连线内，垂直范围为标准大气压 3000（含）米及以下，管制扇区代号为 ZSHCAP03。杭州进近 03 号扇区主要为航班执行进场排序，引导离场航班，并且指挥少量的飞越航班。仿真练习共有 3 类交通场景（按照难度分为简单、中等、困难三类），但本节中暂时没有考虑不同难度交通场景对管制员眼动行为的影响。在 2014 年 12 月—2015 年 1 月之间采集数据，共有 25 组练习数据，每组练习约 30 分钟。

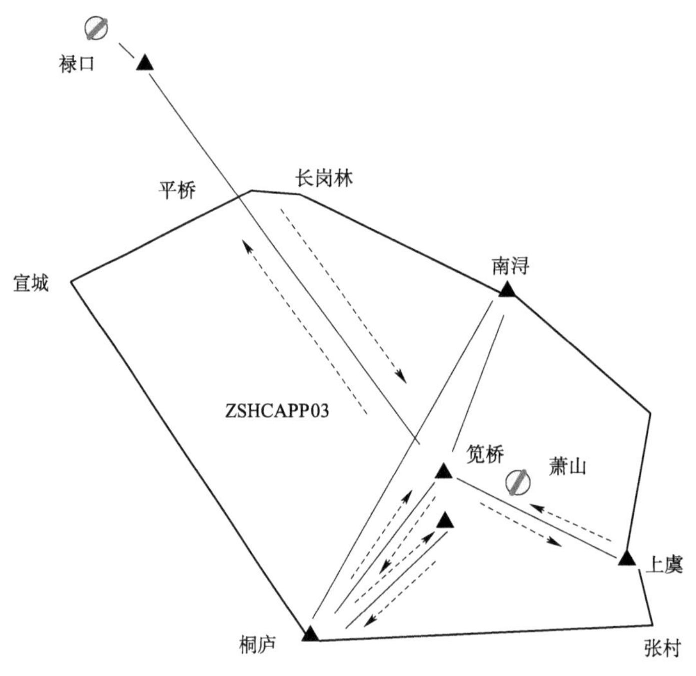

图 4-10　仿真空域结构

与真实的运行场景一致，管制员直接向仿真练习中的飞行员发布语音指令指挥飞机，眼动仪记录全程的眼动数据。

4.3.4.2　实验人员

我国现行管制系统按照管制员的业务能力、指挥经验等要素从高到低设置了一级管制员、二级管制员、三级管制员、四级管制员、五级管制员、见习管制员等若干级别。已有研究表明，管制员眼动行为与年龄、性别、经验（管制水平）等因素密切相关，其中经验最为重要，这也是本章重点分析内容之一。因此，我们总共选取了 25 名实验人员（年龄范围 21—40 岁，M = 28.4，SD = 20.1），其中男性 22 名，女性 3 名，包括 21 名获得执照的管制员（来自浙江空管分局）和 4 名管制专业学生，其中管制专业学生可充当见习管制员参与实验。根据实验人员的管制级别，将对象分为 5 类，具体情况如表 4-6 所示。由于一级管制员数量极少，且多处于较高的行政级别，因此本次采样没有获取一级管制员样本。

五类管制员数量分布　　表 4-6

级别 / 性别	二级	三级	四级	五级	见习
男性	3	3	3	9	4
女性	0	1	1	0	1

实验人员中，二级管制员至少工作了 12 年；三级管制员至少工作了 8 年；四级管制员至少工作了 6 年；五级管制员至少工作了 2 年；见习管制员还没有考取管制执照，只是在模拟机上接受训练，没有实际工作经验。因此，管制员级别也可以粗略体现工作经验的差异。

4.3.4.3　实验设备

学术界认为经典的眼动测量方法可以分为 5 大类：①直接观察法：使用肉眼直接观察对象

的眼动情况;②后像法:利用闪光灯的高亮度闪光产生的视觉后像研究眼动;③机械记录法:包括头部支点杠杆法、气动方法、角膜吸附环状物法等;④电流记录法:包括电流记录法和电磁感应法;⑤光学记录法:包括反光记录法、影视法、角膜反光法、光电记录法等[191-192]。目前眼动仪主要应用电流记录法、电磁感应记录法和光学记录法,其中利用光学原理(瞳孔—角膜反射法原理、虹膜—巩膜反射法原理)记录眼动行为是研究成果最多的方法,设备的主要厂家及型号包括美国应用科学实验室生产的 EVM 眼动仪、澳大利亚 SEEING MACHINE 公司的 faceLAB 型眼动仪、加拿大 SR 公司生产的 Eyelink 型头盔式眼动仪以及德国 SMI 公司生产的 IView X 眼动仪等。

为了记录管制员的眼动行为,我们使用澳大利亚 SEEING MACHINE 公司生产的 faceLAB5.0 眼动仪采集眼动数据。faceLAB 是一套头部、面部特征及疲劳分析工具,通过近红外光反射原理,利用瞳孔及虹膜追踪方法(跟踪原理是瞳孔/角膜反射,分辨率是 0.5°),对捕捉到的被试图像的面部特征进行分析,包括被试者当前位置及在 3D 空间中的方位、注视方向等大量测试数据。faceLAB 系统简单易用且是完全非介入式,采集对象无需穿戴任何约束自然行为的设备或线缆,并且在实验过程中可以自由活动甚至离开实验现场。只要 faceLAB 系统的摄像装置捕捉到头部,追踪程序便立即启动或恢复。faceLAB 系统可用于室内外各种环境的视觉及表情追踪实验,比如实验室内、汽车内及模拟驾驶舱等,目前该系统已经应用到交通、航空、工业设计、可用性测试、心理学等多个领域。在苛刻环境下稳健可靠地完成室外眼动追踪实验是 faceLAB 系统的主要优势之一。当下,faceLAB 系统在交通领域的研究应用主要包括:①车内遥测实验;②驾驶员行为分析;③认知负荷评估;④疲劳度测量;⑤驾驶员注意力分散测量;⑥交通安全与人因实验;⑦交通工具设计;⑧道路设计;⑨人体损伤研究。

faceLAB 系统可以显示和记录多种类型的指标和数据,主要记录的指标如下所示:

头部姿势:确定被试者头部在 3D 坐标中的位置和方向,即头部姿势。头部姿势包含 6 个测试参数,3 个描述 3D 位置的参数和 3 个描述 3D 方向的参数。

注视:faceLAB 在左眼和右眼分别生成注视射线。每条注视射线由 1 个原点和 1 个单位矢量组成。原点位于眼球中央,单位矢量由原点指向被试者当前注视方向。

扫视:典型眼球运动的特征在于眼睛在一段时间内从数百毫秒(200ms)至 1 秒范围内的连续目光定位。在这样的目光定位期间,目光连续指向定位点。眼球扫视运动的生理模式用于检测扫视以及对注视方向数据进行最佳过滤。faceLAB 也能够准确检测短暂眨眼之间的扫视。

眨眼:是一种两值信号(真或假),用来描述眨眼事件的发生。

瞳孔:采用瞳孔轮廓的方式进行眼动追踪,能够测量出每一只瞳孔的直径。

眼睛闭合度:每只眼睛的闭合度测量值用百分比表示,与(追踪到的)虹膜覆盖范围有关。由于个体虹膜大小的变化差异较小(将虹膜直径设为默认参考尺寸),该测量值可视为绝对测量结果,这比用毫米表示的闭合度更具表达性。

PERCLOS:表示固定时间窗口中排除常规眨眼后的眼睛闭合时间间隔的百分比,是反映疲劳程度的最重要参数。在交通领域,PERCLOS 是广受行业接受的疲劳检测标准,美国国家高速公路交通与安全管理局(NHTSA)的专题研究证明了 PERCLOS 与疲劳的相互关系。

图4-11　采集场景

图4-11为眼动仪采集数据场景。在管制员和模拟机之间架设眼动仪，faceLAB摄像头放置于管制员键盘前，雷达屏幕中线下方。在为每位管制员完成校准建立精确的头部模型后，开始仿真练习。管制员可以正常佩戴眼镜，保持正常的工作状态，从而保证采集数据的客观真实。

4.3.5　实例分析

基于参与者的工作经验及等级，首先将原始数据分为五类。选取兴趣区域数量、注视持续时间和扫视速度等指标，计算五类管制人员采样数据的平均值和标准差，详见表4-7。

眼动指标平均值和标准差　　表4-7

指标＼管制级别		二级	三级	四级	五级	见习
注视持续时间(s)	Mean	1.7	1.1	0.9	1.2	0.2
	Sd	0.3	0.4	0.3	0.5	0.1
兴趣区域数量	M	1126.0	1437.0	1851.7	1501.0	714.3
	Sd	164.0	592.1	312.3	765.9	547.4
扫视速度(°/s)	M	278.4	299.3	263.0	287.5	412.8
	Sd	67.6	22.7	28.9	10.2	1.8

4.3.5.1　基本统计分析

4.3.5.1.1　注视行为分析

为了研究管制级别(工作经验)对注视行为的影响，我们选择兴趣区域数量和注视持续时间两个指标进行分析。基于图4-12中两个指标平均值和标准差的分布，可以将对象重新区分为三组：二级管制员；三至五级管制员；见习管制员。三组人员分别展现出不同的注视行为模式。

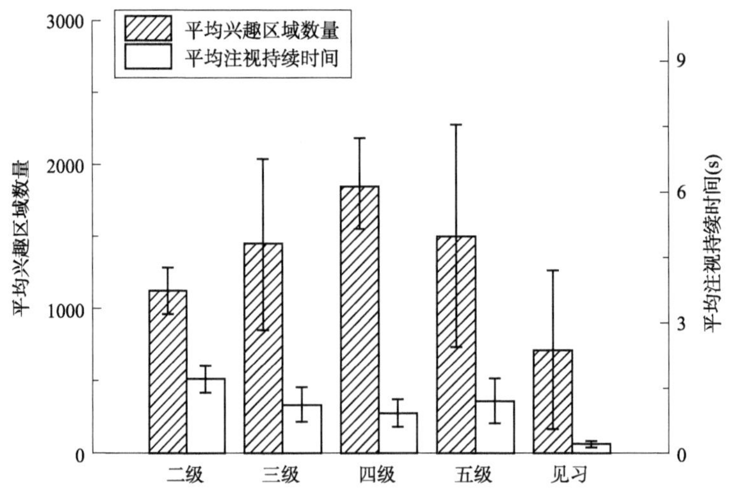

图4-12　兴趣区域数量和注视持续时间的平均值和标准差

虽然二级管制员在采样人群中等级最高，经验最为丰富，但由于长期负责行政管理工作，他们一般只担任协调管制员（不会实际负责指挥航班），故其眼动行为表现出独有的特征。二级管制员注视的平均兴趣区域数量（$M \approx 1126$）低于三至五级管制员的平均水平（$M \approx 1597$），但却远远高于见习管制员的统计水平；其平均注视持续时间（1.7s）在不同级别管制员中属于最高。这说明由于长期脱离一线工作，二级管制员的实际指挥水平有所下降。与长期管制的人员相比，其对航班的监控不够全面，但由于具有丰富的经验，能力依然远远高于见习管制员。注视持续时间表明二级管制员对部分兴趣区域关注时间过长，也许对于类似的目标，与三至五级管制员相比，信息处理能力有所下降。

三至五级管制员的工作经验为2—10年，管制指挥较为熟练，是负责指挥航班的主要人员。三类管制员的兴趣区域数量和注视持续时间基本近似，他们关注的平均兴趣区域约为见习管制员的2.2倍，而平均注视持续时间（1.1s）约为见习管制员的5.5倍。可见，随着经验的丰富，管制员对空域内航班的掌控逐渐全面，能够根据兴趣区域的重要程度较为合理地分配时间和精力，信息处理效率较高，管制员注视行为热点图见图4-13。

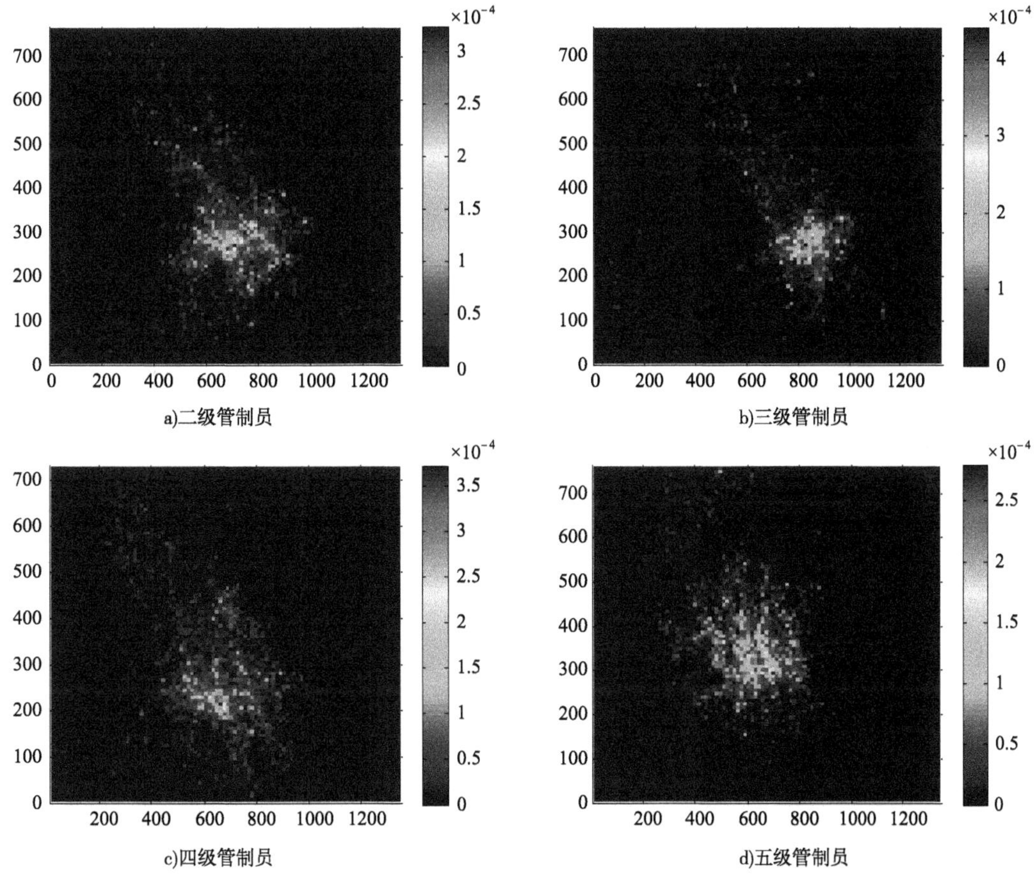

图4-13　管制员注视行为热点图

见习管制员只是处于培训阶段，没有实际工作经验，故其眼动行为又呈现出另一种模式。他们注视的兴趣区域数量最少，并且平均注视持续时间只有约0.2s，远远低于其他人员。该模式与实际情况相符。见习人员还没有熟悉指挥技巧和空域环境，且运行中各类客观因素都会影响其认知能力，此外主观上又受到紧张等情绪的影响，故见习人员没有合理地关注兴趣区域，即使对待重要的目标航空器也没有分配足够的注视时间。

在二至五级管制员中分别选取一个样本，根据管制员注视行为在空间上的概率分布，生成热点图，直观展示管制员注意力分配情况。颜色越深，表明管制员对某点的注视频率越高，该点可能包含的信息更多。

热点图轮廓与空域结构非常相似，与部分关键点位置也较为对应。与其他级别的管制员相比，五级管制员的关注热点分布范围更广，表明在兴趣区域的确定上还缺乏经验，注意力分配能力有待提高。

4.3.5.1.2 扫视行为分析

五类管制员的平均扫视速度如图 4-14 所示。其中二至五级管制员的扫视速度分布范围基本一致，见习管制员的平均扫视速度则高于其他几类管制员（约是其他四类管制员的 1.5 倍）。扫视速度可以表征管制员应对环境变化的敏捷程度和追踪目标的能力，经过专业训练和实际工作经验，二至五级管制员已经具备了相应的能力。当交通状态发生变化时，他们能够迅速地转移注意力，更快地关注重要的航空器，聚焦关键的航路点，从而监控扇区内交通态势的演变。见习管制员的扫视速度虽然最大，但并不意味着其反应速度更快或搜索目标更全面（从兴趣区域数量可以看出）。相反，这说明了见习管制员由于不熟练管制工作，无法权衡不同目标重要程度，盲目地选择目标，或者由于受干扰而频繁地转移注意力，最终导致扫视速度过大，事倍功半。

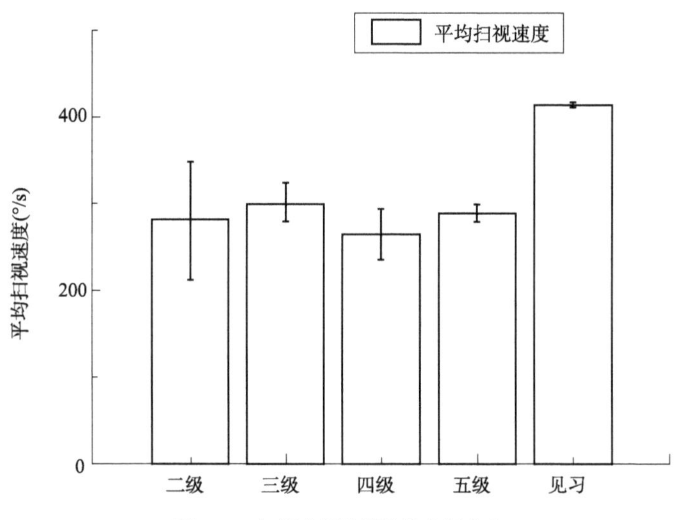

图 4-14 扫视速度的平均值和标准差

综上，管制级别（含工作经验）对管制员眼动行为模式具有显著的影响，根据级别差异，注视行为可分为三类，扫视行为分为两类。长期在一线工作，经验丰富的管制员（三至五级）能够依据交通态势合理选择兴趣目标，科学地分配注意力，具有较强的信息搜索和处理能力。

4.3.5.2 概率分布分析

在上节对管制员通信行为的研究中，已证实通信时间间隔分布存在重尾特性，符合幂律分布特征。因此，本节还可以继续尝试探索管制员眼动行为的分布规律，对比不同级别管制员的分布特性。分别以不同级别管制员的注视持续时间和扫视速度的概率分布为基础，做出双对数形式分布图，如图 4-15 和图 4-16 所示。根据最大似然估计法，得到指标数据的幂指数，具体结果见表 4-8。

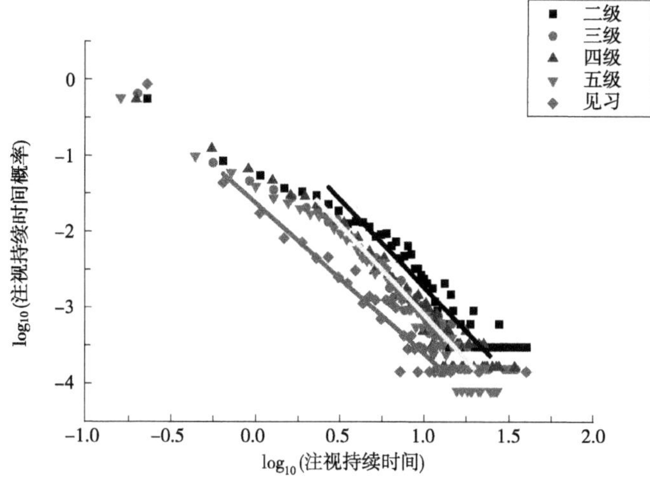

图 4-15　注视持续时间分布

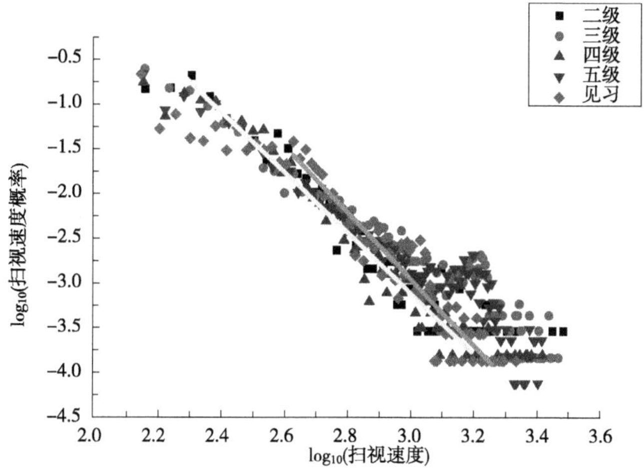

图 4-16　扫视速度分布

两类分布幂指数　　表 4-8

管制级别 / 指标	二级	三级	四级	五级	见习
注视持续时间	2.02	2.42	2.28	2.35	1.89
扫视速度	3.43	2.44	3.43	2.78	5.62

二至五级管制员的数据分布在初始阶段呈现指数衰减，但后期却表现为幂律分布，有“重重的尾巴”；而见习管制员的双对数分布更加接近幂律分布。总体看来，注视行为指标数据的分布依然分为三类：见习管制员、三至五级管制员、二级管制员。三至五级管制员的数据分布较为集中，数据“混杂”在一起，而二级管制员和见习管制员的数据则分布在上下两侧，所以为了表示更为清晰，在图 4-15 中，三至五级管制员的数据使用一条曲线拟合。三类人员指标数据的幂指数也符合这一结论。因此，注视持续时间的概率分布基本呈现幂律分布特征，并且分布曲线受到管制员工作经验的影响而呈现出不同的细节。

与注视指标相比，不同级别管制员的扫视速度分布则显得更为集中，除了见习管制员的数据在初始阶段呈现指数衰减外，其他各类数据均直接表现出较为明显的幂律分布特征，重尾特性依然显著。有经验的管制员(二至五级)数据幂律分布的斜率范围在2.44—3.43,见习管制员的则为5.62,因此在图4-16中,二至五级管制员数据近似拟合为一条直线,而见习管制员拟合为另一条直线。从概率分布上看,扫视指标可以区分出管制员是否具有工作经验,并且扫视速度的分布具有重尾特征。

综上,注视持续时间和扫视速度指标符合幂律分布特征,幂指数依然能够反映管制级别的差异。基于注视行为,可以将管制员分为三类:二级管制员、三至五级管制员和见习管制员;基于扫视行为,可以将管制员分为两类:二至五级管制员和见习管制员。这与上节中基于统计对比方法得到的结果一致。

4.3.5.3 研究不足

使用雷达模拟机采集管制员眼动数据是当前的研究限制之一。使用faceLAB测量眼动数据时,在管制员和雷达屏幕之间架设了采集数据的装备,改变了管制员的常规工作环境(例如管制员无法使用进程单)。这会对管制员造成一定的心理压力,影响管制员的工作能力,不利于实际的管制活动。为了避免危险情况的出现,我们使用模拟机而不是主要运行设备采集数据。与正常的工作环境相比,使用模拟机确实存在一定的缺陷:①对于管制员而言,模拟机只是训练,允许犯错,因此心态会更为放松。环境和心理的不同,会导致他们的眼动习惯发生变化;②在实际工作中,管制员需要观察相邻扇区的运行情况,并和协调管制员交流。在模拟机中,飞机的移交较为简单,管制员也无须观察相邻扇区的交通情况,同时也不存在与其他管制员的协调工作,因此管制员完成模拟机练习时行为更为简化,注意力更加集中。在未来,如果能够在不影响管制员工作的前提下,采用与谷歌眼镜类似的工具采集实际运行过程中的眼动数据,这将会为眼动行为的研究带来重大突破。

4.4 本章小结

本章重点分析了管制员通信行为和眼动行为,概述了两类行为的基础特性,定性分析了管制员行为与一般人类行为的共性,以北京、上海、杭州、重庆等多个地区的历史通信数据和仿真实验数据为样本,基于通信间隔时间、兴趣区域数量、注视持续时间、扫视速度等指标,选择去趋势波动分析、最大似然估计等方法,分别对通信行为和眼动行为进行了对比分析。研究结果表明:管制员通信间隔时间在整体(地区)和个体层面均存在长程相关性,扇区类型对相关性没有明显影响;通信间隔时间符合幂律分布特征,区域扇区和进近扇区数据均符合该规律,这表明管制员在处理任务时并非简单采用先到先处理的排队策略,而是采用按优先级处理任务的策略;管制级别和工作经验会影响管制员的注视行为和扫视行为模式,经验丰富的管制员视觉信息检索效率更高,注意力分配更合理;注视持续时间和扫视速度符合幂律分布特征,与通信行为一致,符合人类动力学的研究成果,不同级别管制员幂指数存在差异。研究成果可以为预测管制员行为意图,建立管制员认知模型,挖掘管制员行为的动力学机制提供基础和依据。

第五章　交通行为与管制员行为关联特性分析

5.1 概　　述

在空中交通系统中，交通行为与管制员行为均呈现了多样化的分布模式，虽然由不同类型的主体构成，但两者互为依托，相辅相成。交通行为直接影响了管制人员的认知难度及负荷，而管制员行为又往往左右交通流模式乃至限制交通运行能力提升，只有交通行为与管制行为高度协同、相互适应才能确保空中交通系统的高效运行。目前，机场主要由塔台管制员负责指挥航班推出开车、场面滑行、起飞爬升等，但塔台管制员在指挥时既会关注雷达屏幕，也会直接观察空域或跑道上航班的运行态势，眼动范围大大超出固定的雷达屏幕（这与进近、区域管制员的工作场景不同），因此暂时无法采集其眼动行为数据来支撑机场交通行为与管制员行为的关联分析，所以本书暂不分析两者的关联。

本章以扇区交通行为为例，定量分析交通行为与管制员行为的关联特性，在第三章和第四章的研究基础上，选取描述交通行为、通信行为和眼动行为的定量分析指标，以雷达模拟机仿真实验数据为样本，采用皮尔森相关系数、斯皮尔曼等级相关系数和转移熵等多种时间序列相关性分析方法，逐步研究交通行为与通信行为、交通行为与眼动行为在多种指标组合下基本关联特性、信息相互传递的变化规律，探索交通运行态势与管制员行为之间的影响关系。

5.2 分 析 指 标

为了分析扇区交通行为与管制员行为的关联效应，首先需要对两种行为进行定量描述。借鉴第三章和第四章的研究基础，筛选合适的量化分析指标，多维刻画交通行为和管制员行为。

选取交通行为指标包括：①航空器数量；②流量与容量比值（简称容流比）；③管制里程（总）；④平均管制里程；⑤管制时间（总）；⑥平均管制时间；⑦爬升航空数数量；⑧平飞航空器数量；⑨下降航空器数量；⑩总爬升时间；⑪总平飞时间；⑫总下降时间；⑬航向改变超过15°的航空器数量；⑭速度改变超过10节的航空器数量；⑮高度改变超过750英尺的航空器数量；⑯平均速度；⑰欧氏距离在0—5海里内的航空器对数量；⑱欧氏距离在0—8海里内的航空器对数量；⑲欧氏距离在0—13海里内的航空器对数量；⑳水平最小间隔；㉑垂直最小间隔；㉒追越冲突航空器对数量；㉓对头冲突航空器对数量；㉔最短预计冲突时间。

选取通信行为指标包括:①通话次数,统计指定时段内管制员发布语音指令的次数总和;②总通话时长,统计指定时段内管制员语音通话的时间之和;③平均通话时长,统计时段内管制员每次通话的平均时间,利用总通话时长/通话次数。由于本章采用了部分时间序列相关性分析方法,为了便于计算分析,没有采用第四章中的通信时间间隔(将其作为时段统计量意义较小)作为反映通信行为的指标。

选取眼动行为指标包括:①平均兴趣区域数量;②平均注视持续时间;③左眼瞳孔平均直径;④右眼瞳孔平均直径;⑤平均眨眼频率,眨眼频率是指单位时间内的眨眼次数;⑥平均扫视速度。其中眼动行为指标 3/4/5 可以直接利用眼动仪采集得到。

指标计算方法详见第三章和第四章,本章不做具体介绍。

5.3 相关系数分析方法

相关性分析研究对象之间是否存在某种依存关系,并对具有依存关系的对象探讨其相关程度,是分析随机变量之间相关关系的一种统计方法。相关性不等于因果性。本节选取两种常用的相关系数:皮尔森相关系数和斯皮尔曼等级相关系数,对两类行为的相关性进行检验分析。

5.3.1 皮尔森相关系数

皮尔森相关系数(Pearson correlation coefficient)是一种描述两个变量线性相关程度的统计结果,一般要求对象成对出现,且样本容量超过 30。皮尔森相关系数具有对称性,即变量 1 与变量 2 的相关性与变量 2 与变量 1 的相关性相同。计算公式如下所示:

$$\rho_{jk}^{i}=\frac{\sum_{t}\left(em_{j}^{i}(t)-\overline{em_{j}^{i}}\right)\left(tm_{k}^{i}(t)-\overline{tm_{k}^{i}}\right)}{\sqrt{\sum_{t}\left(em_{j}^{i}(t)-\overline{em_{j}^{i}}\right)^{2}}\sqrt{\sum_{t}\left(tm_{k}^{i}(t)-\overline{tm_{k}^{i}}\right)^{2}}} \tag{5-1}$$

以眼动指标为例,ρ_{jk}^{i}表示第 i 位管制员第 j 个眼动指标时间序列与第 k 个交通指标时间序列的皮尔森相关系数。其中,$em_{j}^{i}(t)$代表第 i 位管制员第 j 个眼动行为指标在第 t 个时间片的数值;$tm_{k}^{i}(t)$代表第 i 位管制员第 k 个交通行为指标在第 t 个时间片的取值。$\overline{em_{j}^{i}}$和$\overline{tm_{k}^{i}}$分别表示两种指标在多个时间片下的平均值,其中 $\rho_{jk}^{i}\in[-1,1]$。$|\rho_{jk}^{i}|$越高,相关性越显著。$\rho_{jk}^{i}>0$,表示正相关;$\rho_{jk}^{i}<0$,表示负相关;$\rho_{jk}^{i}=0$,表示不存在相关性。

5.3.2 斯皮尔曼等级相关系数

斯皮尔曼等级相关系数(Spearman's rank correlation coefficient)主要用于解决名称数据和顺序数据相关的问题。斯皮尔曼等级相关性以数值在时间序列内的排序为基础,如果两组变量在各组内的排序相同或类似,则具有较强的相关性。该方法不受数据分布形态和样本容量影响,只需要两个变量的观测值成对采集,因此适用范围更广。同理,斯皮尔曼相关性也是对称的。

依然以眼动行为指标为例,仍使用 $em_{j}^{i}(t)$ 和 $tm_{k}^{i}(t)$ 代表第 i 位管制员的第 j 个眼动指标

时间序列与第 k 个交通指标时间序列，具体计算过程如下所述：

（1）首先对眼动行为指标时间序列$\{em_j^i(t), t \in 1,2,\cdots,n\}$，进行升序排列，记录第 t 个值在升序序列中的对应位置$\{Sreo_j^i(t), t \in 1,2,\cdots,n\}$，如果第 $t_a - t_b$ 个数值相等，则：

$$Sren_j^i(t) = \frac{\sum_{t=t_a}^{t_b} Sreo_j^i(t)}{t_b - t_a + 1} \qquad t \in [t_a, t_b] \tag{5-2}$$

用第 $t_a - t_b$ 个数值的新排序值 $Sren_j^i(t)$ 替换 $Sreo_j^i(t)$ 中对应数值的旧排序值，得到$\{Sre_j^i(t), t \in 1,2,\cdots,n\}$；

（2）然后对交通行为指标时间序列$\{tm_k^i(t), t \in 1,2,\cdots,n\}$进行相同处理，得到第 t 个值对应的升序位置$\{Srt_k^i(t), t \in 1,2,\cdots,n\}$；

（3）最后时间序列 $em_j^i(t)$ 和 $tm_k^i(t)$ 的斯皮尔曼等级相关系数为：

$$\rho s_{jk}^i = 1 - \frac{6\sum_{t=1}^{n} d_t^2}{n^3 - n} \tag{5-3}$$

其中，$d_t = Sre_j^i(t) - Srt_k^i(t)$。$|\rho s_{jk}^i|$越高，相关性越高。$\rho s_{jk}^i > 0$，表示正相关；$\rho s_{jk}^i < 0$，表示负相关；$\rho s_{jk}^i = 0$，表示不存在相关性。

5.4　转移熵分析方法

5.4.1　基本概念

随着统计物理、信息论等科学理论的发展，熵由单纯的热力学定义被拓展为更加广泛的概念，熵能够反映系统的内在混乱程度，在控制论、概率论、数论、天体物理、生命科学等领域都有重要的应用。香农在 1948 年发表的论文《A Mathematical Theory of Communication》中第一次将熵的概念引入到通信理论中，定义了香农熵或信息熵，用于描述信号的不确定性，奠定了信息论的基础。

在信息论中，如果一个系统 S 内存在多个事件 $S = \{E_1, \cdots, E_n\}$，每个事件的概率分布为：$P = \{P_1, \cdots, P_n\}$，则每个事件本身的信息量为：

$$\mathrm{Ie} = -\log_a P_i \tag{5-4}$$

对数以 2 为底，单位是位元/bit；对数以 e 为底，单位是纳特/nats。系统的信息熵 H 为：

$$H = -\sum_i^n P_i \cdot \log P_i \tag{5-5}$$

当所有事件发生的概率相等时，系统的不确定性最大，熵值最高。如果系统中只发生一个事件，则其发生概率是确定的，则不存在不确定性，熵为零。

互信息也是信息论中一种常见的信息度量，它表示一个随机变量中包含的关于另一个随机变量的信息量，或者说是一个随机变量由于已知另一个随机变量而减少的不肯定性，它在一定程度上反映了两个随机变量之间的非线性相关性。两个随机变量 X 和 Y 之间的互信息 $I(X,Y)$ 为：

$$I(X,Y)=H(X)+H(Y)-H(X,Y)=\sum_{x,y}p(x,y)\log\frac{p(x,y)}{p(x)p(y)} \tag{5-6}$$

其中，$H(X,Y)$ 表示随机变量 X 和 Y 的联合熵，计算方法如下：

$$H(X,Y)=-\sum p(x_i,y_i)\log p(x_i,y_i) \tag{5-7}$$

$p(x_i,y_i)$ 表示两个随机变量的联合分布。

除了联合熵，条件熵也是一个常用的概念，表示在已知一个随机变量后，另一个变量仍存在的不确定性。在已知随机变量 Y 的条件下，随机变量 X 的条件熵为：

$$H(X|Y)=-\sum_{i,j}p(x_i,y_j)\log p(x_i|y_j) \tag{5-8}$$

其中，$p(x_i|y_j)$ 表示条件概率。

5.4.2 转移熵模型

在以往的研究中，很多学者已经提出了很多方法探究系统之间的相互作用或信息传递，如 Granger 因果关系检验法、互信息、转移熵等。下面将针对不同方法进行简单的介绍。在维纳因果定律中，维纳将因果关系进行了抽象，其主要思想为：对于时间序列 X 和 Y，在对 Y 的未来值进行预测时，如果考虑到 X 过去值的作用能够使预测结果更加准确，那么可以认为 X 对 Y 存在因果关系或者信息流动。为了试图分析经济变量之间的因果关系，诺贝尔经济学奖得主 Granger 在 1969 年首先提出并开创了 Granger 因果关系检验法，即在考虑时间序列 X 和 Y 过去状态的情况下，对时间序列 Y 的预测效果要优于单独由 Y 的过去状态对 Y 预测的效果，则可以判定时间序列 X 是时间序列 Y 的“Granger 原因”[193]。经过多年的发展和改善，该方法首先广泛应用于金融领域。在 1970—1980 年间 Granger 的研究成果被扩展到了线性系统理论，利用随机过程进行线性回归建模，虽然也有学者将该方法进行了基于非线性的扩展，但由于太过复杂，难以在实践中应用。

1996 年，Niedermeyer 在《Primary (idiopathic) generalized epilepsy and underlying mechanisms》一文中提出了互相关函数法，分析不同时刻下两个脑电序列相位之间的相关性[194]。1998 年，Tass 等人提出了基于非线性的互信息分析方法，进一步将互信息延伸至非线性系统[195]。但由于互信息是对称的，所以无法分析不同对象之间信息传递的方向性和差异性，自然也不能解析对象之间的因果关系。

在 2000 年，在论文《Measuring Information Transfer》中，Schreiber 提出了转移熵的概念[196]。转移熵也是基于维纳因果定律，是一种在信息论框架下将维纳因果定律数学化的非参数统计方法，由于其基于的转移概率是非对称的，故可以更有效地检测非线性耦合系统之间信息流动的方向性和动态性，充分量化信息传递量。综上考虑，本节选取转移熵进一步分析不同行为之间信息交互的关系。

假设有两个随机变量 I 和 J，定义 J 到 I 的转移熵为：

$$T_{J\to I}=\sum p(i_{t+k},i_t^{(k)},j_t^{(k)})\times\log\frac{p(i_{t+k}|i_t^{(k)},j_t^{(k)})}{p(i_{t+k}|i_t^{(k)})} \tag{5-9}$$

其中，i_t，j_t 分别代表了 I 和 J 在 t 时刻的状态，其中 $p(i_{t+k},i_t^{(k)},j_t^{(k)})$ 表示从状态 $(i_t^{(k)},j_t^{(k)})$ 到状态 i_{t+k} 的转移概率，$p(i_{t+k}|i_t^{(k)},j_t^{(k)})$ 表示在状态 $(i_t^{(k)},j_t^{(k)})$ 下到状态 i_{t+k} 的条件概

率，$p(i_{t+k}|i_t^{(k)})$表示在状态 $i_t^{(k)}$ 下到状态 i_{t+k}的条件概率。转移熵也可以简化为：

$$T_{J\to I}=H(i_{t+k}|i_t)-H(i_{t+k}|i_t,j_t) \tag{5-10}$$

两个不同的系统或变量之间在进行信息传递时，由于不同步等原因存在一定的时间滞后，称为时间延迟。通常时间延迟 $k=1$ 是优先考虑的转移熵值，考察一个序列对下一时刻另一个序列的值不确定性的消除。

当转移熵等于零时，可以认为变量之间不存在信息转移，而当转移熵大于零时，存在信息转移。由于转移熵的计算取决于变量 I 和 J 在不同时刻对应的离散状态，因此需要一种便捷的方法估算状态之间的概率分布，借鉴文献的估计方法[197]，将时间序列重构至高维相空间估计转移概率，假设原始序列为 X，长度为 N，结合嵌入维数 d 和延迟时间 τ，建立高维时间序列：

$$X_\tau^d=\{x(t),x(t-\tau),x(t-2\tau),\cdots,x(t-(d-1)\tau)\} \tag{5-11}$$

嵌入维数直接影响了重构效果，若维数过小，则无法展开系统的空间状态，从而在搜索近邻点时出现错误；若维数过大，则近邻点在高维空间中的分布状态则过于稀疏，影响转移熵的计算结果[198]。同样，若延迟时间过小，在相空间中，矢量的相邻延迟坐标元素差别太小而冗余较大，如果延迟时间过大，相空间中矢量的相邻延迟坐标元素不相关，信息就会丢失[199]。利用 Cao 准则可以估算时间序列的嵌入维数，两个最近邻点从 d 维到 $d+1$ 维的相对距离为：

$$a(t,d)=\frac{\| x_t^{d+1}-x_{t'(t,d)}^{d+1} \|}{\| x_t^{d}-x_{t'(t,d)}^{d} \|} \tag{5-12}$$

其中，$t=1,2,\cdots,N-d\tau$，$\|\cdot\|$ 表示欧氏距离，向量 x_t^d 和 $x_{t'(t,d)}^d$ 在 d 维空间为最近邻，向量 x_t^{d+1} 和 $x_{t'(t,d)}^{d+1}$ 同理。如果两个点在 d 维和 $d+1$ 维重构空间中都是最接近点，则称为真正的近邻，否则即为伪近邻，这可能是由于高维中两个不相邻的点投影到低维时变成相邻点而造成的[200]。利用以下公式，Cao 定义了最小嵌入维数[201]：

$$E(d)=\frac{1}{N-d\tau}\sum_{t=1}^{N-d\tau}a(t,d) \tag{5-13}$$

其中，$E(d)$表示所有 $a(t,d)$的均值，取决于 d 和 τ。当维数从 d 变化至 $d+1$ 时，平均值变化量 $E1(d)$定义为：

$$E1(d)=\frac{E(d+1)}{E(d)} \tag{5-14}$$

当时间序列确定时，$E1(d)$随着 d 的增加会趋于稳定，此时可明确嵌入维数；当时间序列是随机信号时，$E1(d)$会随着 d 的增加单调递增，但在实际过程中，由于时间序列的长度往往有限，因此难以判断 $E1(d)$是正在缓慢变化还是趋于稳定[200]。因此，建立新的目标函数：$E1(d-1)+E1(d+1)-2*E1(d)$。

当目标函数取最小值时，可求得嵌入维数。利用互信息法可以求解延迟时间。通常，使互信息函数第一次达到最小值的时滞即为重构相空间的延迟时间[201]。

5.5 实例分析

5.5.1 实验设置

利用南京航空航天大学民航学院雷达模拟实验室开展仿真实验。以武汉进近扇区

ZSHCAP03作为仿真空域环境,空域内主要运行对象是进场航班和离场航班,飞越航班数量较少。每组仿真练习持续 20—30 分钟(图 5-1)。

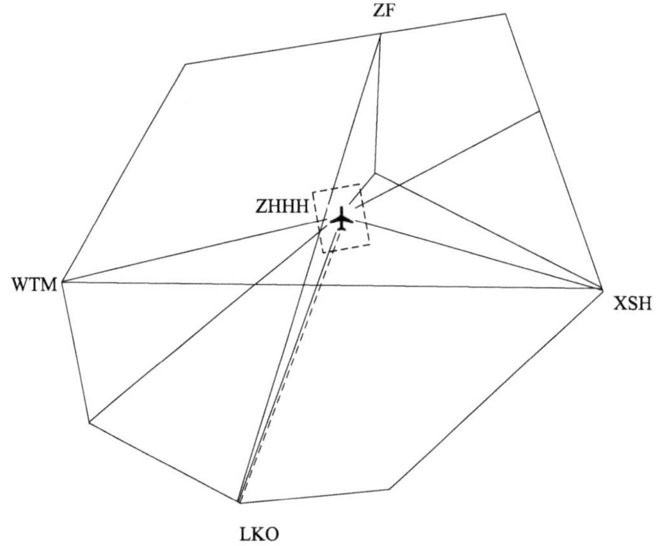

图 5-1 武汉进近管制区 ZSHCAP03 空域结构图

邀请江苏空管分局具有管制执照的管制员进行实验。参与人员 16 人,均为进近管制员,其中男性 15 人,女性 1 人,年龄分布在 22—33 岁之间,工作经验在 2—12 年之间。我国管制员一般分为五级,一级代表最高水平,由于一级管制员较为稀少,故本次实验对象主要为二至五级管制员。每人完成 2 组练习,最终得到 32 组练习数据(表 5-1)。

管制员样本信息 表 5-1

级 别	数量(人)	性别(男/女)	年龄范围(岁)	工作经验(年)
二级	2	2/0	33	12
三级	1	1/0	30	8
四级	4	3/1	28—29	5—7
五级	9	9/0	23—28	2—5

本次实验继续使用 faceLAB5.0 采集眼动数据,仪器摆放以及采集步骤与第四章所述一致;雷达管制模拟机自动采集航班动态数据,每个航班每隔 4 秒记录一次信息,包含经纬度、高度、速度、航向等;通信数据主要记录管制员开始通话时间,通话时长和通话航班对象,在实验中另行指派人员利用相关系统在采样人员相邻位置采集。在每次实验开始前,管制员均有充足的时间熟悉空域结构和航班计划。

根据采集的仿真数据和指标集合,分别构建通信行为、眼动行为和交通行为指标时间序列,在分析交通行为与眼动行为关联特征时,由于眼动仪采样频率是 16.7ms,故眼动行为数据充足,设置时间间隔为 10s;而在分析交通行为与通信行为关联特征时,由于通信行为发生的间隔时间相对较长,故设置统计时间间隔为 60s。

(注:第四章中在浙江空管分局采集眼动数据时,由于设备的原因,无法导出航班雷达数据,因此在做关联分析时,缺少交通行为基础数据用于计算指标,所以本章采用的是不同的仿真实例及实验数据。)

5.5.2 相关性分析

完成所有样本“眼动—交通”和“通信—交通”指标组合的相关系数计算，“眼动—交通”共有144个指标组合，“通信—交通”共有72个指标组合，针对管制员个体、指标组合等不同维度探索交通行为与眼动行为和通信行为的关联模式。

5.5.2.1 “眼动—交通”相关分析

5.5.2.1.1 管制员维度

首先从管制员个体出发，分析不同级别管制员是否具备显著的关联模式。

(1)皮尔森相关系数分析

皮尔森相关系数的分布范围随着管制员个体的差异区别较大。为了便于对比，分别从二至五级管制员中各选出一个样本，对比统计结果。四位管制员“眼动—交通”指标组合的皮尔森相关系数分布如图5-2所示，其中Colorbars表示皮尔森相关系数的分布范围，X轴表示眼动行为指标，Y轴表示交通行为指标。

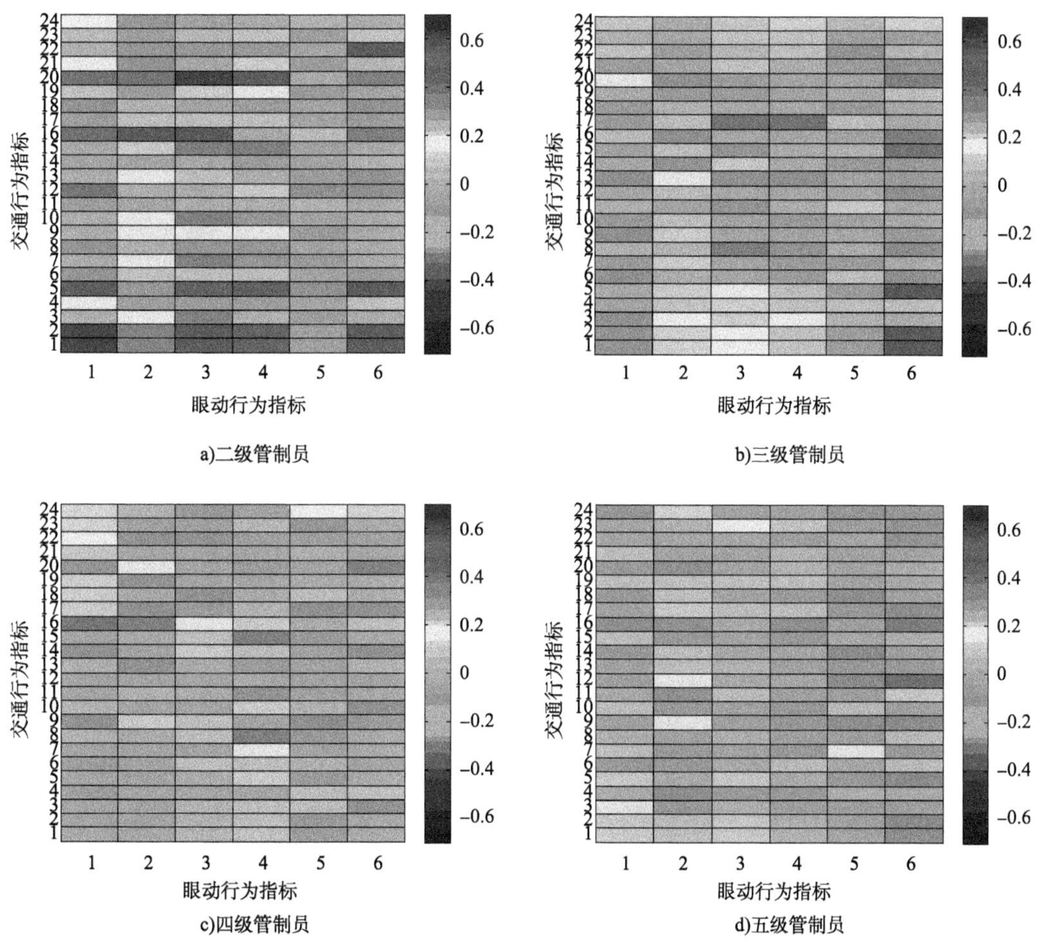

图5-2 “眼动—交通”指标组合皮尔森相关系数分布

基于图5-2可以直观发现,不同管制员指标组合的相关性分布差别较大。二级管制员样本中相关性程度较高的指标组合最多,与平均注视持续时长、左右眼瞳孔平均直径等构建的组合主要为正相关,而与平均AOI数量、平均扫视速度和平均眨眼频率构建的组合多为负相关,其中与平均眨眼频率相关的组合相关性均较低。三级管制员样本中,与平均注视持续时间、左右眼瞳孔平均直径等构建的组合主要为正相关,但与二级相比,相关性程度已经降低,而余下三个眼动指标与交通指标的组合大部分呈现为负相关,平均眨眼频率相关组合的负相关程度有所提高。在四级与五级管制员样本中,负相关的指标组合比例进一步提高,负相关程度较高的主要集中在与平均扫视速度相关的组合中,而对于四级管制员样本,正相关较为明显的依然是与平均AOI数量、右眼瞳孔平均直径相关的组合,五级管制员样本中正相关组合则分布的较为分散。

就所有样本而言,相关性极值主要出现在二级管制员样本中,如"左眼瞳孔平均直径—航空器数量(0.56)"、"左眼瞳孔平均直径—总的管制时间(0.54)"、"左眼瞳孔平均直径—水平最小间隔(-0.44)"、"平均AOI数量—航空器数量(-0.41)"。对于不同的管制员个体,出现极值的指标组合各不相同,但组合中涉及的眼动或交通指标存在一致的现象:如三级和五级样本极值指标组合中眼动指标均为平均扫视速度,四级与五级样本中正相关极值指标组合中交通指标是一致的,为航空器平均速度。具体组合信息如表5-2所示。

眼动—交通指标组合皮尔森相关系数极值分布 表5-2

级别	指标组合	正相关极值	指标组合	负相关极值
二级	左眼瞳孔平均直径—航空器数量	0.56	左眼瞳孔平均直径—水平最小间隔	-0.44
三级	平均扫视速度—水平最小间隔	0.36	平均扫视速度—航空器数量	-0.39
四级	平均注视持续时间—航空器平均速度	0.35	平均AOI数量—航空器平均速度	-0.30
五级	平均扫视速度—航空器平均速度	0.34	平均扫视速度—总平飞时间	-0.32

因为管制员个体的皮尔森相关系数分布特征并不明确,我们尝试挖掘管制级别与皮尔森相关系数的关系。针对所有指标组合,分别统计同一级别(二至五级)管制员的平均相关系数,基于各级别的平均相关性,分析其与管制级别的变化趋势是否存在统一的规律。

对所有眼动—交通指标组合皮尔森相关系数统计结果分析可知,管制级别与皮尔森相关系数没有较为明显的相互作用规律。以瞳孔直径与管制里程、管制时间的组合为例,如图5-3所示:图中横坐标2—5代表了管制级别二级至五级;不同颜色的柱状图则对应了不同的指标组合,组合1是左眼瞳孔平均直径—管制里程,组合2是左眼瞳孔平均直径—管制时间,组合3是右眼瞳孔平均直径—管制里程,组合4是右眼瞳孔平均直径—管制时间。例如组合1中二级和三级的平均相关系数高于四级和五级,三级取得最大值;而在组合2中二级的平均相关系数则高于三至五级,二级取得最大值。因此,根据现有样本,暂时不能发现管制级别与皮尔森相关系数的相互影响关系。

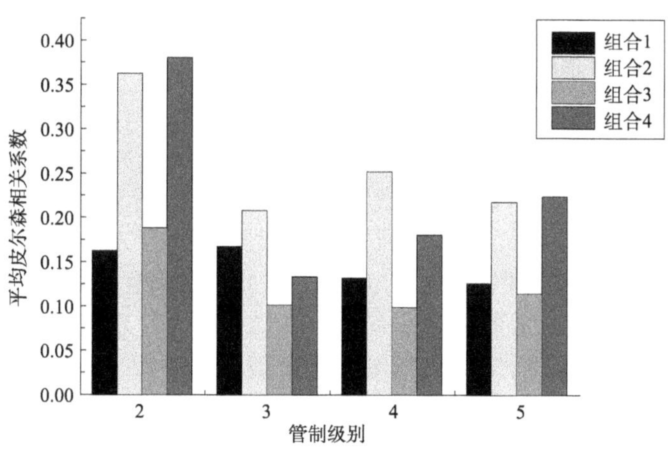

图 5-3　不同管制级别下皮尔森相关系数的分布

(2)斯皮尔曼相关系数分析

同上,继续利用四类管制员样本,对比相关性的分布情况。四位管制员"眼动—交通"指标组合的斯皮尔曼相关系数分布如图 5-4 所示,其中 Colorbars 表示斯皮尔曼相关系数的分布范围,X 轴表示眼动行为指标,Y 轴表示交通行为指标。

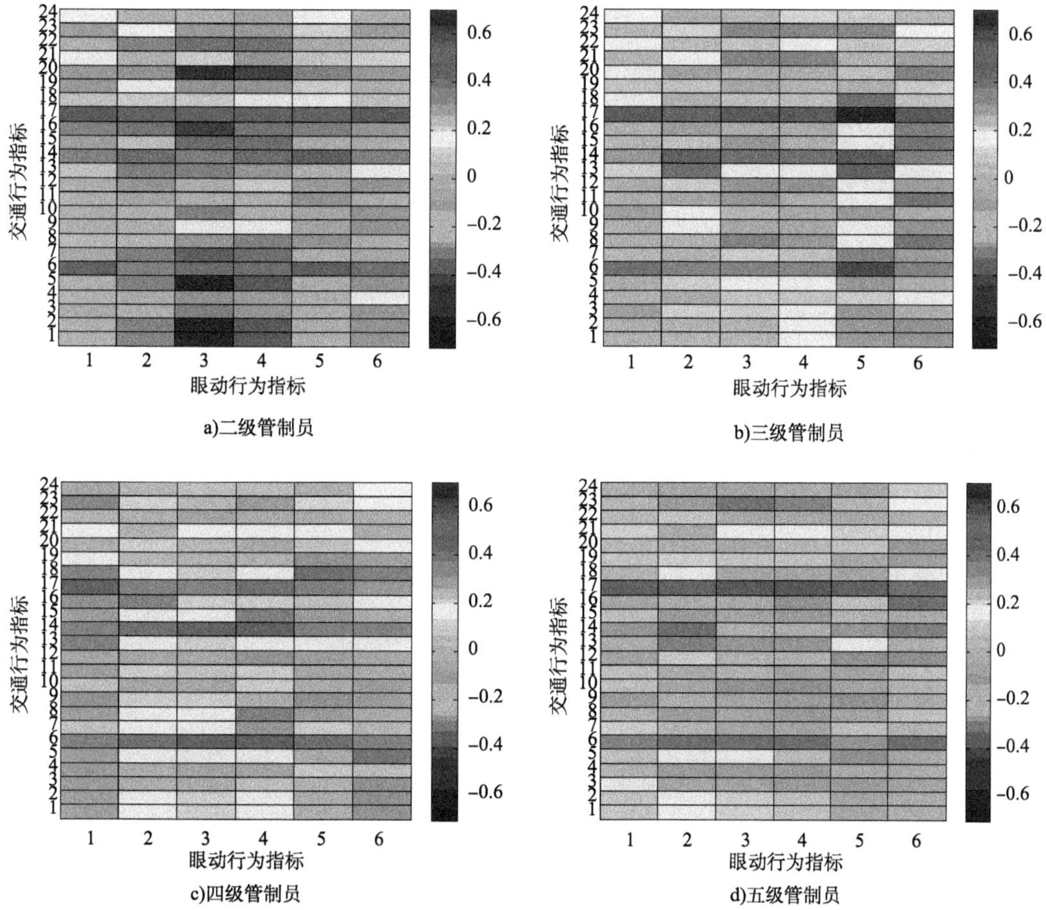

a)二级管制员

b)三级管制员

c)四级管制员

d)五级管制员

图 5-4　"眼动—交通"指标组合斯皮尔曼相关系数分布

与图 5-2 相比,图 5-4 相关性分布内涵更为丰富,指标组合相关性程度整体有所提高。二级管制员样本中绝大部分指标组合呈现正相关,并且主要集中在与平均注视持续时间、左右眼瞳孔平均直径相关的指标组合中,相关性普遍较高,少量负相关的指标组合主要涉及平均 AOI 数量、平均扫视速度和平均眨眼频率。三级管制员样本中,约有 81% 的指标组合表现为正相关,数量上高于其他级别样本,但正相关程度略低于二级样本,少量负相关的指标组合主要涉及平均 AOI 数量和平均扫视速度。在四至五级管制员样本中,负相关的指标组合数量均有所上升,其中四级样本的指标组合仍有一定的分布规律,负相关指标组合主要与平均 AOI 数量、平均眨眼频率和平均扫视速度等眼动指标有关。

与皮尔森相关系数相比,斯皮尔曼相关系数极值并没有集中在某类管制员样本中,最大正相关出现在三级样本中:"平均眨眼频率—欧氏距离在 0—5 海里内的航空器对数量(0.67)";最大负相关出现在二级样本中:"左眼瞳孔平均直径—水平最小间隔(-0.54)"。对于不同个体,出现极值的指标组合依然各不相同,但组合中涉及的眼动或交通指标还是存在一致的现象:如三至五级样本正相关极值指标组合中交通指标均为欧氏距离在 0—5 海里内的航空器对数量,负相关极值指标组合中眼动指标均为平均扫视速度。具体组合信息如表 5-3 所示。

眼动—交通指标组合斯皮尔曼相关系数极值分布 表 5-3

级　别	指标组合	正相关极值	指标组合	负相关极值
二级	左眼瞳孔平均直径—航空器数量	0.66	左眼瞳孔平均直径—水平最小间隔	-0.54
三级	平均眨眼频率—欧氏距离在 0—5 海里内的航空器对数量	0.67	平均扫视速度—高度改变超过 750 英尺的航空器数量	-0.30
四级	平均 AOI 数量—欧氏距离在 0—5 海里内的航空器对数量	0.45	平均扫视速度—管制时间	-0.29
五级	平均注视持续时间—欧氏距离在 0—5 海里内的航空器对数量	0.49	平均扫视速度—总平飞时间	-0.28

由于管制员个体在斯皮尔曼相关系数中没有体现出较为明显的分布趋势,故尝试寻找管制级别与相关系数的相互关系。针对每个指标组合,分别统计同一级别(二至五级)管制员的平均相关系数,借此分析管制级别对系数的影响。

对所有眼动—交通指标组合分析后可知,管制级别与斯皮尔曼相关系数之间没有明显的影响规律。如图 5-5 所示,以所有眼动指标与航向改变超过 15°的航空器数量的组合为例,图中横坐标 2—5 代表了二至五级,不同颜色的柱状图则对应了不同的指标组合,眼动指标 1—6 对应的具体指标见 5.2 节。例如眼动指标 1 形成的组合中二级和三级的平均相关系数低于四级和五级,四级取得最大值;而在眼动指标 2 形成的组合中,二级和三级的平均相关系数则高于四级和五级,二级取得最大值。因此,根据现有样本的计算结果,暂时不能确定管制级别与斯皮尔曼相关系数的相互影响关系。

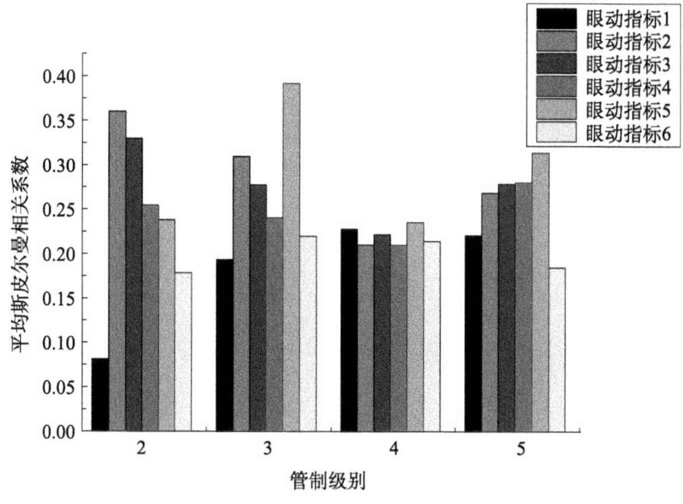

图 5-5　不同管制级别下斯皮尔曼相关系数的分布

5.5.2.1.2　指标组合维度

本节将围绕两种行为的关联性，寻找相关性趋势一致的指标组合，深入探索行为之间相互影响的内涵意义。本章所指"一致"是指同一指标组合中所有样本均为正相关或负相关的情况，满足该趋势，则称该指标组合相关性分布具有一致性。为了尽量减少本节图中的文字，均使用数字编号代替具体指标组合名称。

(1)皮尔森相关系数分析

对比统计结果可以发现，眼动行为指标中展现一致性相关特征的是扫视速度和瞳孔直径：平均扫视速度与航空器数量、容流比、管制里程、管制时间等交通指标负相关，而与航空器平均速度正相关；左右眼瞳孔平均直径均与管制里程、管制时间正相关。

当空域内航空器数量增加时，管制员监控雷达屏幕时需要注视的目标数量增加，由于每个航班都会占用管制员一定程度的注意力，这势必会减少管制员在注视目标之间的切换频率，降低扫视速度，因此平均扫视速度与航空器数量表现为线性负相关。容流比与航空器数量的交通内涵较为接近，故与平均扫视速度的相关性结果一致。而与航空器数量略有不同，管制里程和管制时间是对单位时间内管制工作累积效应的客观度量，但同样可以说明，当面对更多的指挥对象，付出更多的精力时，需要减少扫视速度以确保每个对象都能被分配到足够的注意力。具体结果详见图 5-6，组合 1 是平均扫视速度—航空器数量，组合 2 是平均扫视速度—管制里程，组合 3 是平均扫视速度—管制时间，组合 4 是平均扫视速度—航空器平均速度。

基于对认知行为的理解和与管制员的分析讨论，平均扫视速度指标可以反映管制员处理任务的能力。当空域内航空器的飞行速度加快时，雷达屏幕上交通态势的演化也会相应加速，为了适应航班的变化特征，管制员也必须调整行为，提高自身监视目标的速度，所以平均扫视速度与航空器平均速度表示出较为统一的正相关特征，见图 5-6。除了平均扫视速度与管制里程的相关性程度略低外，其他三组指标组合相关性程度近似。

瞳孔直径可以反映管制员的疲劳程度。当管制里程和时间增加时，说明管制员指挥航班的累积工作量随之增加，因此管制员工作负荷变大，更容易感到疲劳，所以左右眼瞳孔平均直径均会变大。如图 5-7 所示，a) 中组合 1 是左眼瞳孔平均直径—管制里程，组合 2 是右眼瞳孔平均直径—管制里程；b) 中组合 1 是左眼瞳孔平均直径—管制时间，组合 2 是右眼瞳孔平均直径—管制时间。左眼或右眼瞳孔直径与交通指标的相关程度类似,但与管制时间的相关性均高于管制里程。

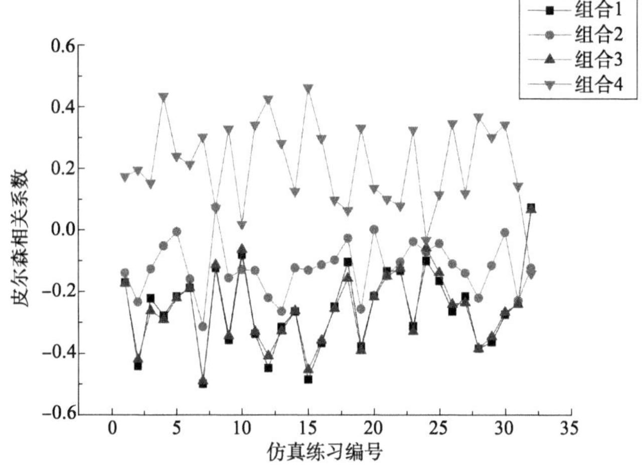

图 5-6 平均扫视速度与密度类指标组合皮尔森相关系数分布

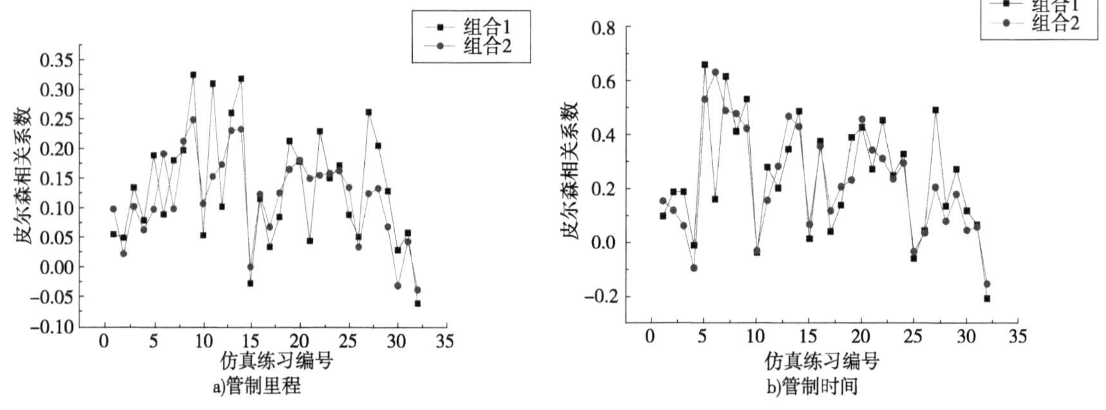

图 5-7 瞳孔平均直径与密度类指标组合皮尔森相关系数分布

综上,扫视行为(平均扫视速度)主要与密度类交通指标(航空器数量、容流比、管制里程、管制时间)等负相关,而与动态类交通指标(航空器平均速度)正相关;左右眼瞳孔平均直径均与密度类交通指标(管制里程、管制时间)正相关。

(2)斯皮尔曼相关系数分析

与皮尔森相关系数统计结果相比,除了在上述指标组合中呈现相同的相关性趋势外,斯皮尔曼相关系数还发现了更多的指标组合之间存在较为一致的相关性特征:

①注视行为:平均 AOI 数量和平均注视持续时间均与航向改变超过 15°的航空器数量、速度改变超过 10 节的航空器数量、0—5 海里内的航空器对数量、对头冲突航空器对数量正相关;

②扫视行为:平均扫视速度与航向改变超过 15°的航空器数量、速度改变超过 10 节的航空器数量、0—5 海里内的航空器对数量、对头冲突航空器对数量正相关;

③眨眼频率:平均眨眼频率与航向改变超过 15°的航空器数量、速度改变超过 10 节的航空器数量、0—5 海里内的航空器对数量、0—8 海里内的航空器对数量、对头冲突航空器对数量

正相关；

④瞳孔直径：左右眼瞳孔平均直径均与航空器数量、航向改变超过15°的航空器数量、速度改变超过10节的航空器数量、0—5海里内的航空器对数量、对头冲突航空器对数量正相关。

下面将根据眼动行为指标逐一进行分析。

(1)注视行为

航向改变的航空器数量和速度改变的航空器数量主要反映了空域内航空器的飞行动态，而0—5海里内的航空器对数量和对头冲突航空器对数量均与冲突密切相关，反映了交通运行的紧张态势。冲突探测是管制员的主要活动之一，需要对比汇聚航空器的航迹，评估是否违反间隔标准，基于航空器的速度、航向及高度预测未来态势。因此，当空域内距离小于阈值的航空器对数量增加时，潜在冲突发生的概率变大，需要管制员监控的目标也会随之调整变化。而对头冲突作为一种紧急的交通态势，一旦发生会占据管制员大量的注意力，围绕冲突相关的航空器，以及可能引发连锁效应的其他航空器，管制员必须实时定位，检测相关航空器的变化，生成一批新的兴趣区域，为冲突解脱收集信息，分配注意力。同理，当空域内航空器改变航向或速度时，管制员也需要提前考虑该航空器周围的交通分布，从而判断改变飞行态势是否会引发与其他航空器的潜在冲突。因此，相应的航空器对都是生成新的兴趣区域的重要基础，呈现正相关也较为合理。具体关联情况如图5-8所示：a)中组合1是航向改变超过15°的航空器数量—平均AOI数量，组合2是速度改变超过10节的航空器数量—平均AOI数量；b)中组合1是0—5海里内的航空器对数量—平均AOI数量，组合2是对头冲突航空器对数量—平均AOI数量。其中平均AOI数量与速度改变超过10节的航空器数量、0—5海里内的航空器对数量的相关性相对较高。

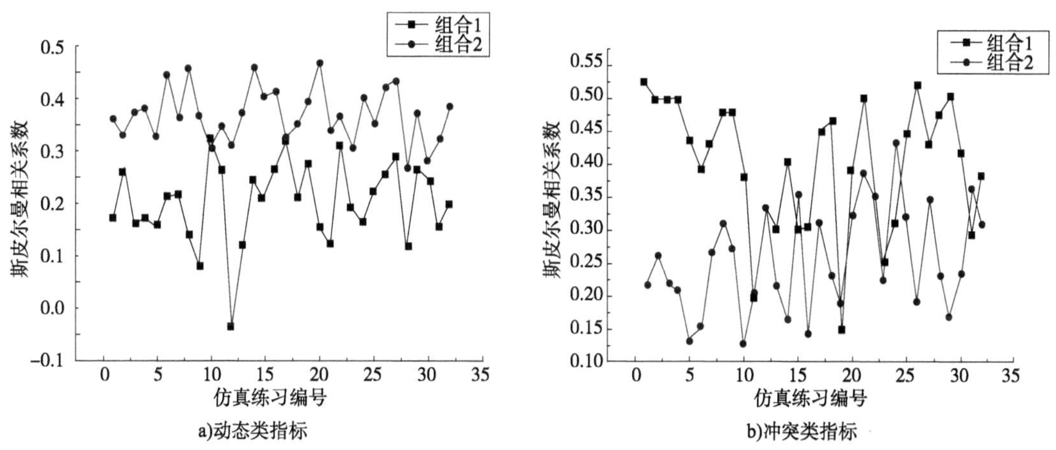

图5-8　平均AOI数量与动态类和冲突类指标组合斯皮尔曼相关系数分布

动态类和冲突类交通行为指标通常也是分析空中交通复杂性的重要因素，在动态密度、内禀复杂性等模型中经常应用。因此，冲突类和动态类指标不仅会增加兴趣区域的数量，还会大大增加交通态势复杂性。当管制员面临更加复杂多变的态势时，亟需从客观环境中获取更多的信息帮助自己解析当前场景，兴趣区域内大部分航空器耦合效应较强，视觉信息综合处理难度随之变大，对于更多的兴趣区域需要投入较长的时间和较多的精力，管制负荷增加，因此平均注视持续时间与交通指标保持正相关。这与其他学者的研究成果也较为符合：当工作负荷增加时,大于 500ms 的长持续时间注视点出现频率变高[202]。指标组合相关性分布详见图 5-9 所示,a) 中组合 1 是航向改变超过 15°的航空器数量—平均注视持续时间,组合 2 是速度改变超过 10 节的航空器数量—平均注视持续时间;b) 中组合 1 是 0—5 海里内的航空器对数量—平均注视持续时间,组合 2 是对头冲突航空器对数量—平均注视持续时间。其中平均注视持续时间依然与速度改变超过 10 节的航空器数量和 0—5 海里内的航空器对数量保持较高的相关性。

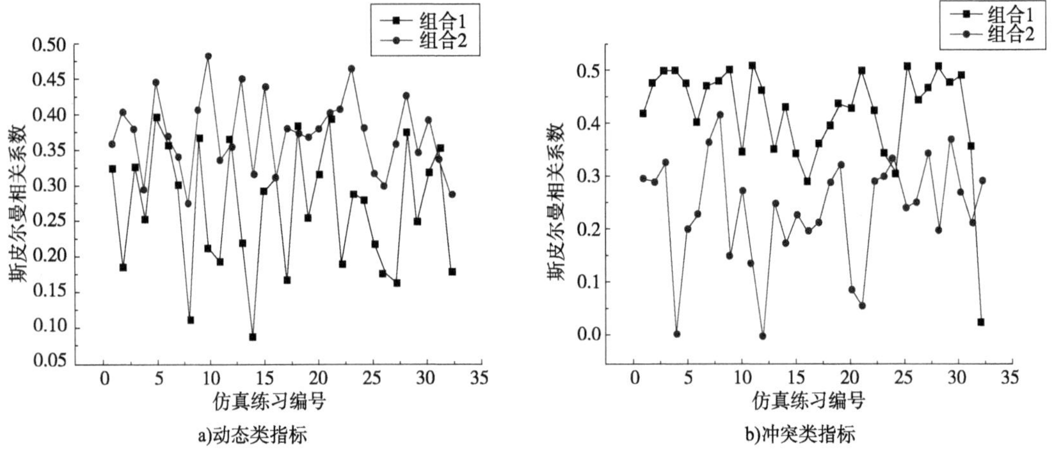

图 5-9　平均注视持续时间与动态类和冲突类指标组合斯皮尔曼相关系数分布

(2) 扫视行为

冲突类或动态类指标,其指标数值的增加均可以反映空域内需要关注的目标以非线性的速度增长,为了确保覆盖由复杂交通态势衍生的新兴趣区域,管制员需要增加扫视速度,及时搜索定位,发现目标,处理目标视觉信息。故平均扫视速度与冲突类、动态类指标均为正相关。相关性结果如图 5-10 所示,a) 中组合 1 是航向改变超过 15°的航空器数量—平均扫视速度,组合 2 是速度改变超过 10 节的航空器数量—平均扫视速度;b) 中组合 1 是 0—5 海里内的航空器对数量—平均扫视速度,组合 2 是对头冲突航空器对数量—平均扫视速度。在所有交通指标中,依然是速度改变超过 10 节的航空器数量和 0—5 海里内的航空器对数量与平均扫视速度的相关性最高。

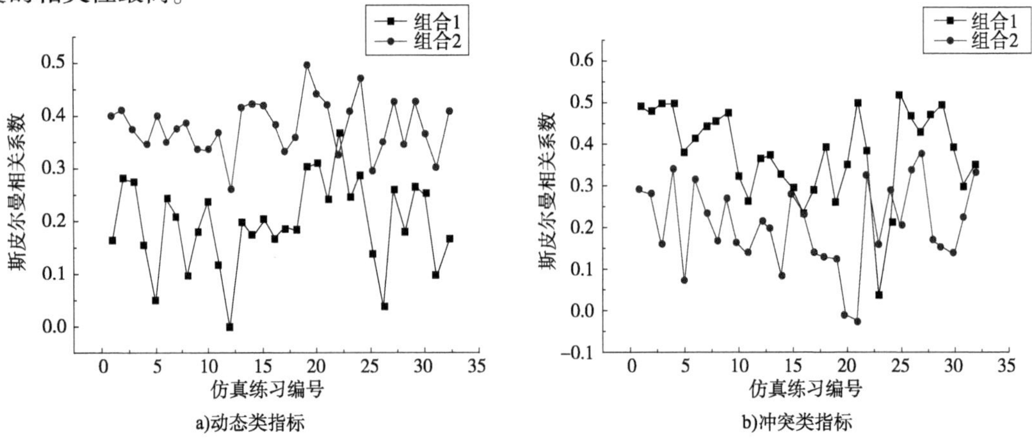

图 5-10　平均扫视速度与动态类和冲突类指标组合斯皮尔曼相关系数分布

（3）瞳孔直径

眼动行为研究成果表明，瞳孔直径可以较好地反映精神上的工作负荷，当认知类任务处理需求和难度增加时，会导致瞳孔直径变大，部分学者甚至利用瞳孔直径区分不同难度的视觉认知工作任务[203]。

指标组合计算结果表明，瞳孔直径与密度类、动态类和冲突类典型指标均有一致的相关性。随着航空器数量的增加，管制任务随之变多，管制员工作负荷逐渐以非线性的方式增长。如上文所述，动态类和冲突类指标均可以反映交通运行的复杂程度，当复杂性增加时，管制员工作任务更加繁重，管制难度变大。而瞳孔直径一般能够反映人员的疲劳程度，因此管制员工作负荷越大，瞳孔平均直径也会相应变大，所以左/右眼瞳孔平均直径与上述交通指标均为正相关。图 5-11 中组合 1 是左眼瞳孔平均直径—航空器数量，组合 2 是右眼瞳孔平均直径—航空器数量。图 5-12 中，a）中组合 1 是左眼瞳孔平均直径—0—5 海里内的航空器对数量，组合 2 是右眼瞳孔平均直径—0—5 海里内的航空器对数量；b）中组合 1 是左眼瞳孔平均直径—对头冲突航空器对数量，组合 2 是右眼瞳孔平均直径—对头冲突航空器对数量。图 5-13 中，a）中组合1 是左眼瞳孔平均直径—航向改变超过 15°的航空器数量，组合 2 是右眼瞳孔平均直径—航向改变超过 15°的航空器数量；b）中组合 1 是左眼瞳孔平均直径—速度改变超过 10 节的航空器数量，组合 2 是右眼瞳孔平均直径—速度改变超过 10 节的航空器数量。

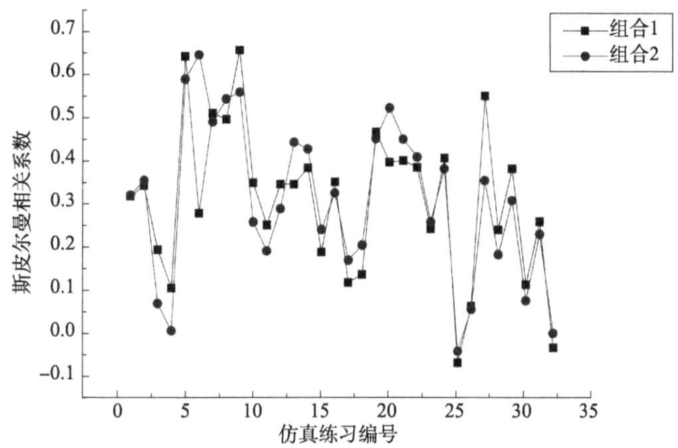

图 5-11　瞳孔平均直径与密度类指标组合斯皮尔曼相关系数分布

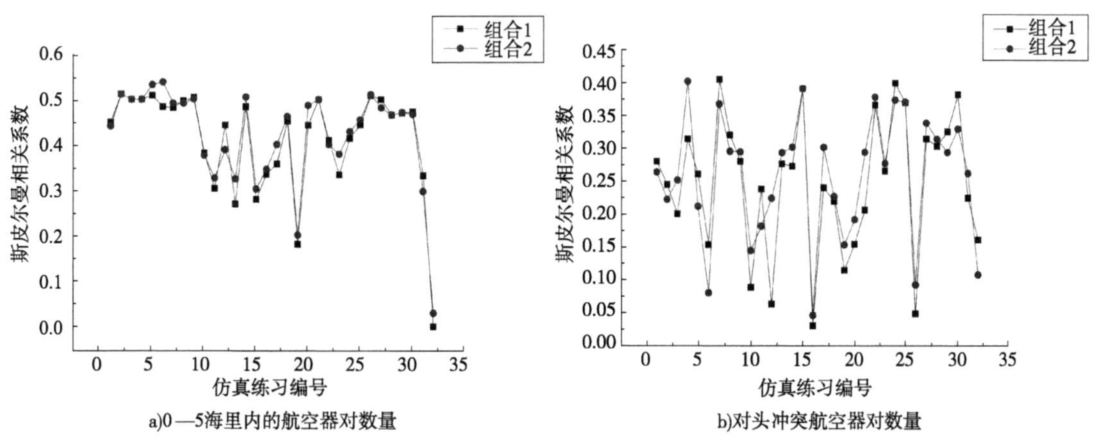

图 5-12　瞳孔平均直径与冲突类指标组合斯皮尔曼相关系数分布

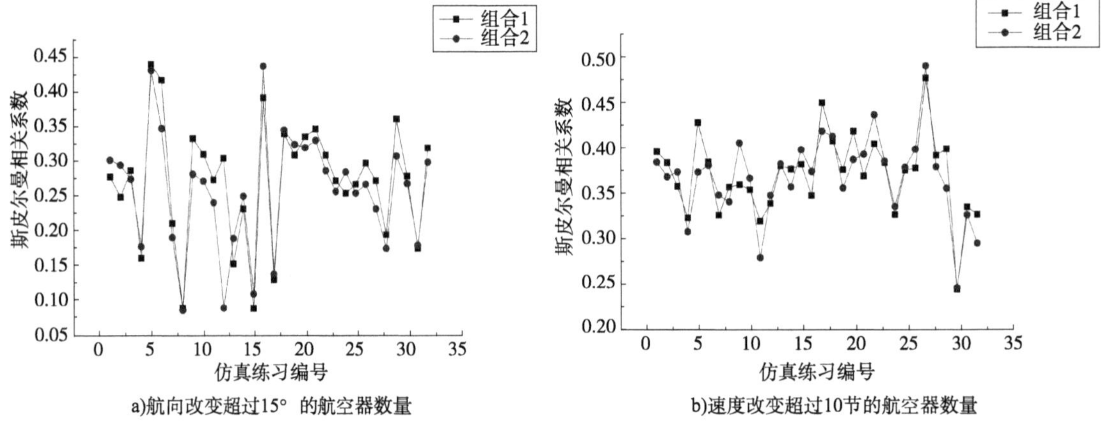

图 5-13 瞳孔平均直径与动态类指标组合斯皮尔曼相关系数分布

在管制过程中,需要时刻关注管制员的工作强度和难度,尽管在现阶段还无法实时监控各类眼动指标,但是利用常见的交通指标也可以从侧面反映管制员的疲劳程度,利用交通态势与疲劳程度的相互关系,有效地控制管制员的工作时间,减轻管制员的工作压力,保证其能够合理地分配注意力,以最高效的方式和最优的策略指挥所有航班。

对比所有瞳孔直径指标组合,如图 5-11—图 5-13 所示,可以发现,左眼瞳孔平均直径和右眼瞳孔平均直径与交通行为指标的相关性分布趋势大致重合,就相关性而言,可以认为左右眼的眼动特性没有明显区别。

在三类指标中,与瞳孔直径相关程度最高的是冲突类的 0—5 海里内的航空器对数量,其他依次为动态类的速度改变超过 10 节的航空器数量,密度类的航空器数量。这与交通复杂性的研究经验较为符合,航空器数量增加是导致情况转向复杂的基础,当雷达屏幕中有了更多的目标后,相互影响的概率增加,管制员需要利用视觉信息监视航空器的运行状态,预测推演可能的策略。当航空器速度变化时,管制员必须重新预测态势,确保运行安全,而当航空器违反最低间隔标准时,管制员需要在最短的时间内进行冲突解脱,这对专业技能和应急能力都有极高的要求,属于最高难度的管制活动。因此,相关性数值分布也与实际情况一致。

(4)眨眼频率

眨眼频率常用于表征视觉工作负荷,前人研究表明,眨眼频率也能够体现疲劳程度,例如当工作任务时间增加时,眨眼次数会增加;当疲劳程度增加时,眨眼频率会降低。当人员在处理视觉任务同时兼有认知任务时,眨眼频率增加,这与管制员的实际工作情况非常相似。

平均眨眼频率相关性分析结果如图 5-14 所示,a)中组合 1 是航向改变超过 15°的航空器数量—平均眨眼频率,组合 2 是速度改变超过 10 节的航空器数量—平均眨眼频率;b)中组合 1 是 0—5 海里内的航空器对数量—平均眨眼频率,组合 2 是 0—8 海里内的航空器对数量—平均眨眼频率,组合 3 是对头冲突航空器对数量—平均眨眼频率。与其他眼动指标不同,平均眨眼频率还与 0—8 海里内的航空器对数量正相关。与 0—5 海里内的航空器对数量相比,平均眨眼频率与 0—8 海里内的航空器对数量的相关性相对较低。一般而言,航空器对的距离越短,态势越为紧急,冲突解脱难度也越大,对管制员注意力、处理能力的要求也就越高,而两个指标相关性的差别也可以较好地反映该趋势。总体而言,平均眨眼频率与 0—5 海里内的航空器对数量相关性最高,其次是速度改变超过 10 节的航空器数量。

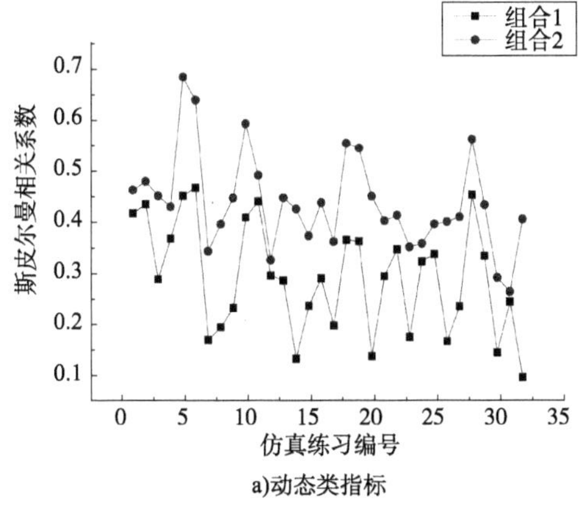

a)动态类指标

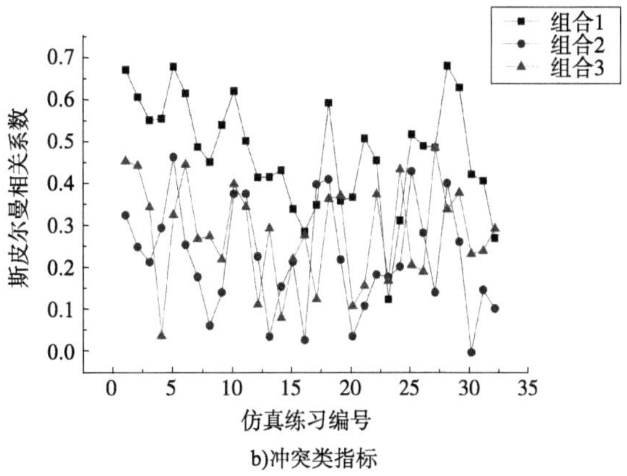

b)冲突类指标

图 5-14　平均眨眼频率与动态类和冲突类指标组合斯皮尔曼相关系数分布

因为皮尔森相关系数只能反映变量之间的线性关系，而斯皮尔曼相关系数可以揭示变量之间的单调关系（线性或非线性），因此，在后者的相关性计算结果中更多的指标组合涌现出来，这也解释了很多直观上相关的指标组合为什么在计算皮尔森相关系数没有出现较为统一的相关趋势。所以，在进一步探索两类指标之间的量化关系时，需要充分考虑非线性表达方式。

综上，眼动行为与交通行为单调相关的组合远远多于线性相关的组合。其中：

注视行为指标（平均 AOI 数量、平均注视持续时间）均与动态类交通指标（航向改变超过15°的航空器数量、速度改变超过 10 节的航空器数量）、冲突类交通指标（0—5 海里内的航空器对数量、对头冲突航空器对数量）为单调正相关。

扫视行为（平均扫视速度）主要与密度类交通指标（航空器数量、容流比、管制里程、管制时间）单调负相关，而与动态类交通指标（航空器平均速度、航向改变超过 15°的航空器数量、速度改变超过 10 节的航空器数量）正相关，与冲突类交通指标（0—5 海里内的航空器对数量、对头冲突航空器对数量）单调正相关。

左右眼瞳孔平均直径与密度类交通指标（航空器数量、管制里程、管制时间）、动态类交通指标（航向改变超过 15°的航空器数量、速度改变超过 10 节的航空器数量）、冲突类交通指标（0—5 海里内的航空器对数量、对头冲突航空器对数量）均为单调正相关。

平均眨眼频率与动态类交通指标（航向改变超过 15°的航空器数量、速度改变超过 10 节的航空器数量）、冲突类交通指标（0—5 海里内的航空器对数量、0—8 海里内的航空器对数量、对头冲突航空器对数量）为单调正相关。

总体看来，在指标组合中，高频出现的是动态类指标（航向改变超过 15°的航空器数量、速度改变超过 10 节的航空器数量）和冲突类指标（0—5 海里内的航空器对数量、对头冲突航空器对数量），与所有眼动指标均为正相关。

由于斯皮尔曼相关系数计算结果中指标组合符合一致性特征的较多，故求得每种组合相关性的平均值，以便整体对比所有组合相关性的分布区间。当指标组合均为负相关时，取绝对值，以便对比相关程度。利用 K-means 聚类方法将平均相关性划分为 3 级，如图 5-15 所示，三角形表示相关系数最高的指标组合，分布区间是[0.37,0.47]，在该区间内，正是所有眼动行为指标与速度改变超过10节的航空器数量和0—5海里内的航空器对数量两个重要交通行为指标形成的组合。

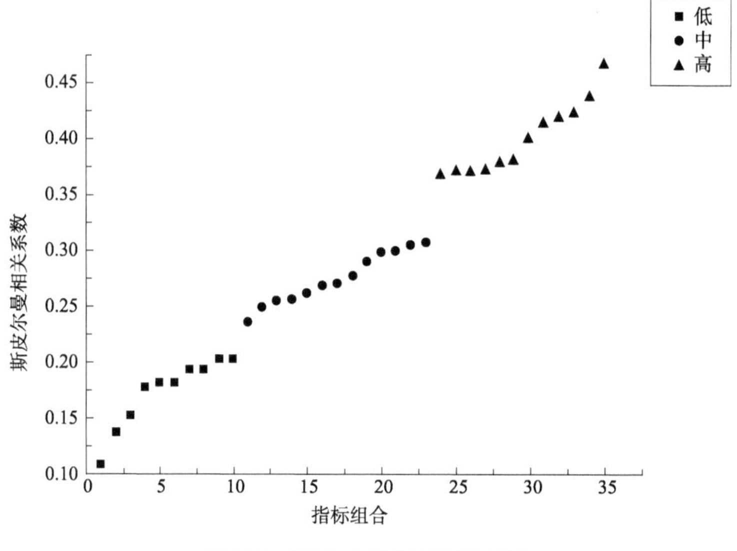

图5-15　斯皮尔曼相关系数等级划分

5.5.2.2　“通信—交通”相关分析

5.5.2.2.1　管制员维度

首先从管制员个体出发，分析不同级别管制员的“通信—交通”指标组合是否具备显著的关联模式。

(1)皮尔森相关系数分析

皮尔森相关系数的分布范围随着管制员个体的差异区别较大。为了便于对比，分别从二至五级管制员中各选出一个样本，对比统计结果。四位管制员“通信—交通”指标组合的皮尔森相关系数分布如图5-16所示，其中Colorbars表示皮尔森相关系数的分布范围，X轴表示通信行为指标，Y轴表示交通行为指标。

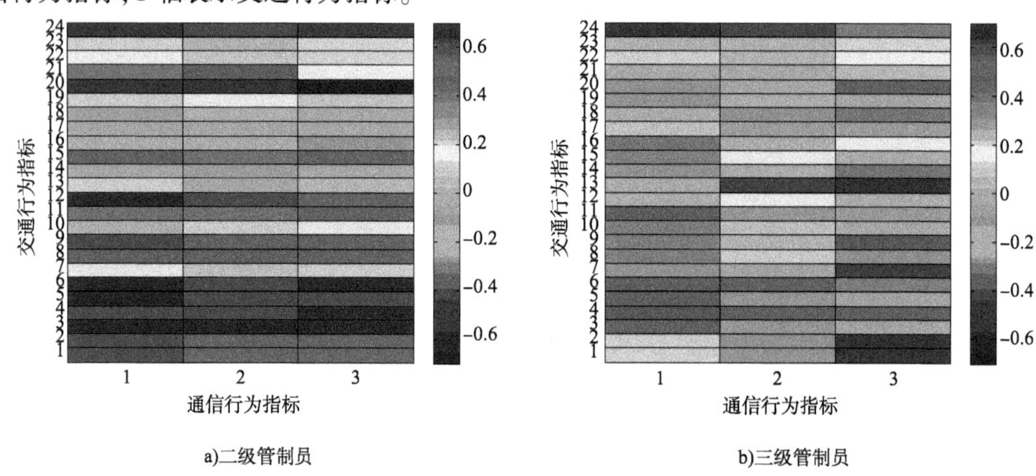

图　5-16

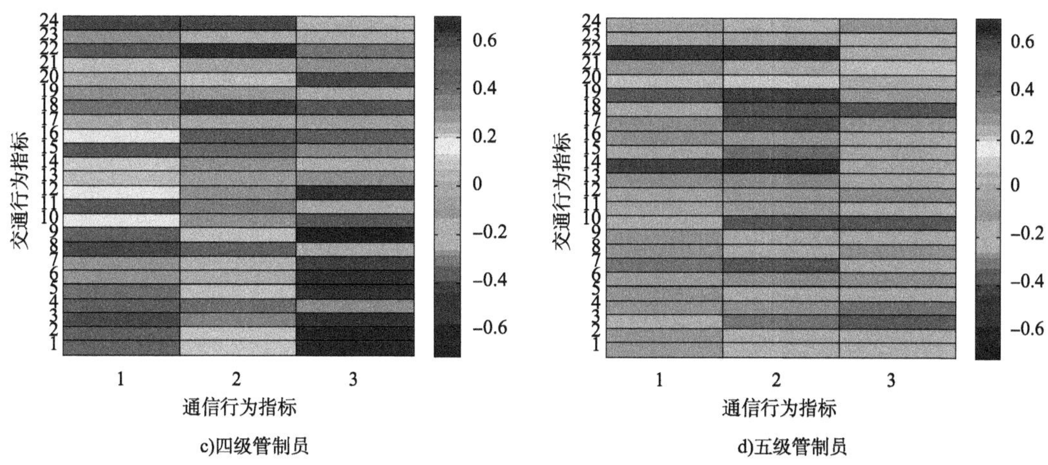

图 5-16　“通信—交通”指标组合皮尔森相关系数分布

基于图 5-16 可知，不同级别管制员指标组合的相关性分布特征差别较大，没有相对统一的模式。总体而言，二级管制员样本中相关性程度较高的指标组合最多，并且以正相关为主，主要表现为三个通信指标与密度类指标（如航空器数量、管制里程、管制时间）等构建的组合，而通信指标与少量冲突类指标的组合表现为较为明显的负相关。三级管制员样本中，通话次数和总通话时长与大部分密度类交通指标正相关，并且部分组合的相关性较为显著，但与二级相比，相关性程度已经降低，而平均通话时长与绝大部分交通指标呈现为负相关，其中与航空器数量、容流比等指标的负相关程度较高。在四级与五级管制员样本中，负相关的指标组合比例进一步提高。在四级管制员样本中，平均通话时长与绝大部分交通指标呈负相关，大部分极值出现在与密度类指标的组合中，通话次数仍与密度类指标呈正相关，并且成为该样本中正相关极值的主要贡献组合。在五级管制员样本中，约 87% 的指标组合表现为负相关，负相关极值主要出现在通信指标与速度改变超过 10 节的航空器数量、爬升航空器数量、追越冲突航空器对数量等交通指标的组合中。少量正相关指标组合的关联性也并不强。

随着级别的提高，正相关的指标组合数量逐渐增加；除五级管制员外，密度类交通指标至少能与一个通信指标（通话次数）形成明显的正相关指标组合；除二级管制员外，其他管制员样本中负相关指标组合主要由平均通话时长与交通指标的组合产生；五级管制员约 87% 的指标组合为负相关。

就所有样本而言，相关性极值主要出现在二级管制员样本中，如“平均通话时长—管制里程（0.72）”、“平均通话时长—水平最小间隔（-0.71）”。不同管制员个体，出现极值的指标组合各不相同，但通信指标中平均通话时长出现频次最高，其次为通话次数、总通话时长；交通指标中管制里程、水平最小间隔均出现 2 次。具体组合信息如表 5-4 所示。

通信—交通指标组合皮尔森相关系数极值分布　　表 5-4

级　别	指 标 组 合	正相关极值	指 标 组 合	负相关极值
二级	平均通话时长—管制里程	0.72	平均通话时长—水平最小间隔	-0.71
三级	通话次数—管制里程	0.52	平均通话时长—航向改变超过 15°的航空器数量	-0.50

续上表

级　　别	指 标 组 合	正相关极值	指 标 组 合	负相关极值
四级	平均通话时长—水平最小间隔	0.61	平均通话时长—航空器数量	-0.59
五级	通话次数—垂直最小间隔	0.27	总通话时长—速度改变超过10节的航空器数量	-0.49

与“眼动—交通”指标组合情况类似，管制级别与平均皮尔森相关系数没有一致的变化关系。

(2)斯皮尔曼相关系数分析

继续利用四类管制员样本，对比相关性的分布情况。四位管制员“通信—交通”指标组合的斯皮尔曼相关系数分布如图5-17所示，其中Colorbars表示斯皮尔曼相关系数的分布范围，X轴表示通信行为指标，Y轴表示交通行为指标。

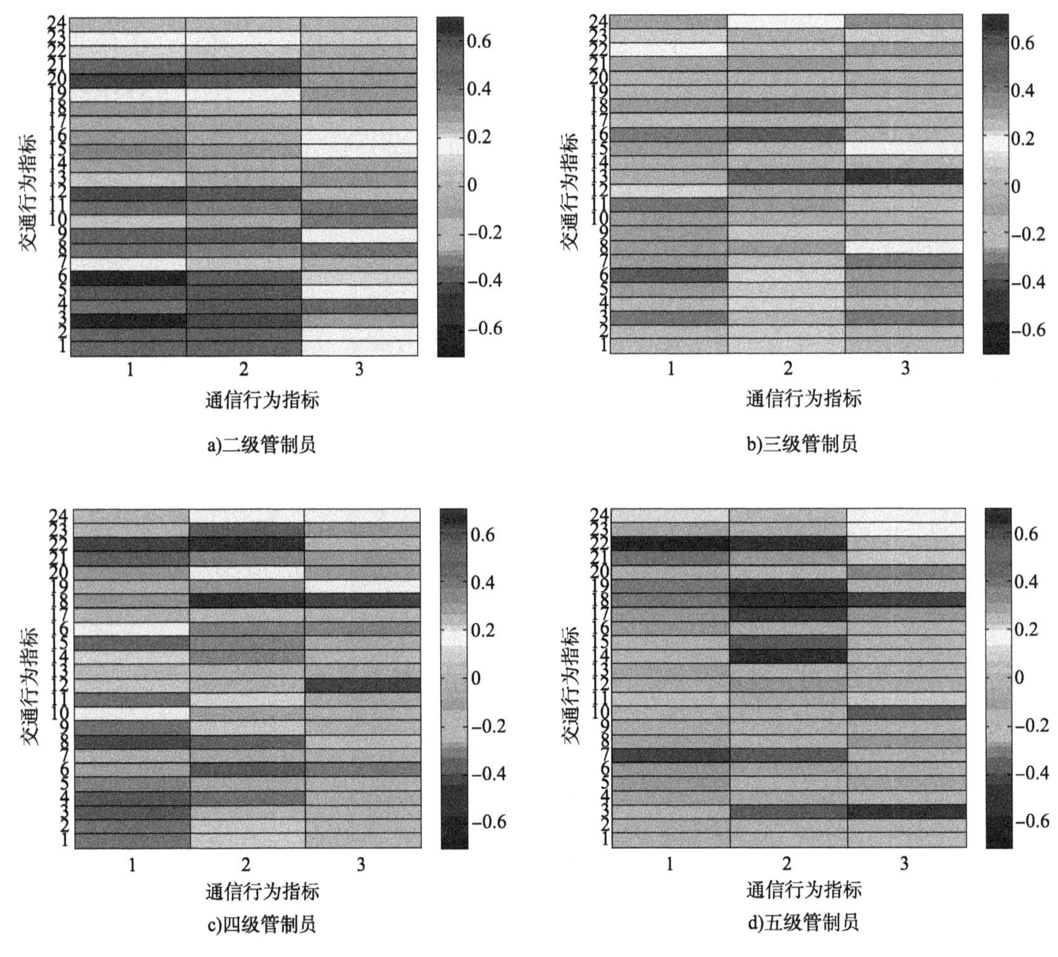

图5-17　“通信—交通”指标组合斯皮尔曼相关系数分布

与图5-16相比，图5-17中相关性分布特征较为相似。在二级管制员样本中，正相关的指标组合最多，正相关性较高，主要体现为通信指标与所有密度类指标构建的组合，而通信指标与少量交通指标呈负相关,如速度改变的航空器数量、水平最小间隔、预计最小冲突时间等。三级管制员样本中,正相关指标组合数量开始下降,通话次数和总通话时长仍与密度类交通指标和部分动态类交通指标保持正相关,但正相关水平也已经下降,而平均通话时长与大部分交通指标为负相关。虽然在四级管制员样本中,负相关指标的组合数量与三级类似,但其指标组合正相关水平呈现上升趋势。通话次数和总通话时长依然与部分密度类和动态类交通指标保持正相关,并贡献了极大正相关值。平均通话时长依然与大部分交通指标为负相关。追越冲突和对头冲突航空器对数量与所有通信指标为负相关。在五级管制员样本中,约 83% 的指标组合表现为负相关,负相关极值主要出现在通信指标与爬升航空器数量、追越冲突航空器对数量等交通指标的组合中。少量正相关指标组合的关联性也相对较弱。

随着级别的提高,正相关的指标组合数量和相关性整体呈递增趋势;除五级管制员外,密度类交通指标至少能与一个通信指标(通话次数)形成明显的正相关指标组合;除二级管制员外,其他管制员样本中负相关指标组合主要由平均通话时长与交通指标的组合产生;五级管制员依然是负相关指标组合最多的对象个体。

与皮尔森相关系数相比,斯皮尔曼相关系数极值并没有集中在某类管制员样本中,最大正相关仍在二级样本中:“通话次数—平均管制时间(0.67)”;最大负相关则在五级样本中:“通话次数—追越冲突航空器对数量(-0.59)”。对于不同个体,出现极值的指标组合依然不尽相同,通话次数成为出现频次最高的通信指标,平均管制时间与追越冲突航空器对数量则各出现 2 次,其中“通话次数—平均管制时间”同时成为二级和三级样本的极大正相关组合。具体组合信息如表 5-5 所示。

眼动—交通指标组合斯皮尔曼相关系数极值分布 表 5-5

级别	指标组合	正相关极值	指标组合	负相关极值
二级	通话次数—平均管制时间	0.67	通话次数—水平最小间隔	-0.43
三级	通话次数—平均管制时间	0.47	平均通话时长—航向改变超过 15°的航空器数量	-0.48
四级	通话次数—下降航空器数量	0.59	总通话时长—追越冲突航空器对数量	-0.45
五级	通话次数—垂直最小间隔	0.37	通话次数—追越冲突航空器对数量	-0.59

与“眼动—交通”指标组合情况类似,管制级别与平均斯皮尔曼相关系数也没有一致的影响变化关系。

5.5.2.2.2 指标组合维度

本节将继续针对交通行为和通信行为两种行为的交互关系,寻找具有显著特征的指标组合,探索不同行为之间的相互影响。

(1)皮尔森相关系数分析

检查统计结果可以发现,依然只有部分指标组合存在较为一致的相关性趋势。

总通话时长与管制里程、管制时间等交通指标正相关,通话次数与容流比、航空器数量、管制里程、管制时间、爬升航空器数量、下降航空器数量等指标正相关。

如上文所述,管制里程与管制时间主要反映管制工作的累积结果,当管制里程或管制时间越长时,表明空域内航空器持续运行的时空范围越大,管制员需要与各个航班指挥的范围跨度也越大,总通话时长也随之增加。总通话时长与管制里程和管制时间保持类似水平的相关性,具体见图 5-18,其中,组合 1 是管制里程—总通话时长,组合 2 是管制时间—总通话时长。

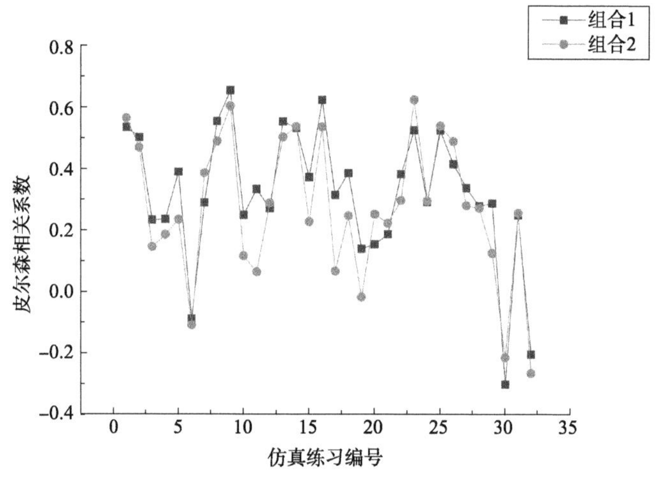

图 5-18 总通话时长与密度类指标组合皮尔森相关系数分布

航空器数量一般能较为直观地反映空域内交通的繁忙程度,航空器数量越多,管制员的通话次数也就越多,这与前人的研究也相符。当航空器在空域内持续的运行时间或距离越大,发生通话次数的可能性也越大,因此通话次数也与管制里程和管制时间呈正相关。此外,通话次数与三个指标的相关性分布趋势没有较大差异,如图 5-19a),其中组合 1 是航空器数量—通话次数,组合 2 是管制里程—通话次数,组合 3 是管制时间—通话次数。

除了密度类交通行为指标外,通话次数还与动态类指标正相关,见图 5-19b),其中组合 1 是爬升航空器数量—通话次数,组合 2 是下降航空器数量—通话次数。由于仿真空域单元为进近扇区,包含进离场航线,因此空域内航空器高度改变较为频繁,爬升或下降航空器的数量高于一般航路扇区的统计数量,针对高度变化,管制员也需要发布相应的指令,也就导致了通话次数的增加,表现为正相关。但通话次数与密度类指标的相关性略高于动态类指标。

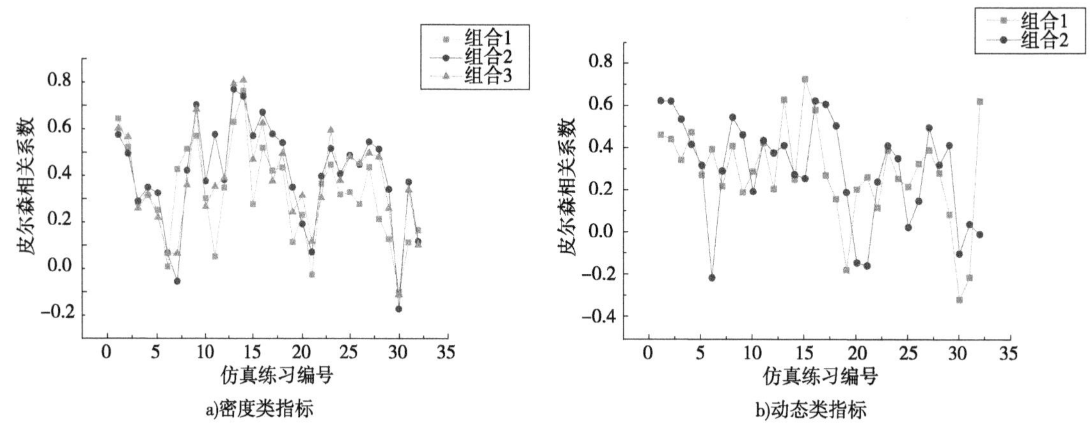

图 5-19 通话次数与密度类和动态类指标组合皮尔森相关系数分布

(2)斯皮尔曼相关系数分析

与皮尔森相关系数统计结果相比,斯皮尔曼相关系数在相同的指标组合之间表现出较为类似的相关性特征,这与"交通—眼动"行为指标组合的规律并不一致。

因此,总通话时长与密度类交通指标(管制里程、管制时间)线性正相关,通话次数与密度类交通指标(航空器数量、管制里程、管制时间)、动态类交通指标(爬升航空器数量、下降航空器数量)线性正相关。而冲突类交通指标与通信指标没有出现一致性的关联指标组合。通信行为指标整体与密度类指标的关联频率最高。

由于通信行为与交通行为出现一致性指标组合的情况较少,故在此没有对所有样本的平均相关系数进行聚类分析。

5.5.3　转移熵分析

由于利用模拟机的仿真练习采集数据,与真实工作相比单次练习时间较短。因为统计通信行为指标以60s为间隔,每组数据较少,不足以支撑转移熵的计算,故在分析转移熵时只以眼动行为与交通行为指标组合为例。为了增加个体样本的数据长度,将同一个体的两组练习数据进行合并,因此使用转移熵分析时,以不同个体为单位,共有16组数据。人员组成没有变化。

5.5.3.1　指标组合分析

转移熵可以双向识别两个指标之间是否具有相互作用,因此不同于相关性,眼动与交通行为之间出现了新的影响模式。转移熵计算结果可分为两大类:指标组合存在双向信息传递;指标组合中仅有单向信息传递。在进行分析时,挑选了产生转移熵的指标组合。为了减少图中文字,均使用数字编号代替指标名称。

5.5.3.1.1　注视行为

以平均AOI数量为例,分别讨论与其产生双向信息流和单向信息流的交通指标,在双向交互指标中,又具体分密度类、动态类和冲突类进行讨论。

(1)平均AOI数量—密度类交通指标

平均AOI数量与航空器数量和容流比之间存在双向的信息流动。平均AOI数量向交通指标传递的信息均大于反向传递的信息,并且该方向整体信息传递量也较大,见图5-20,其中眼动指标1是平均AOI数量,交通指标1是航空器数量,交通指标2是容流比。

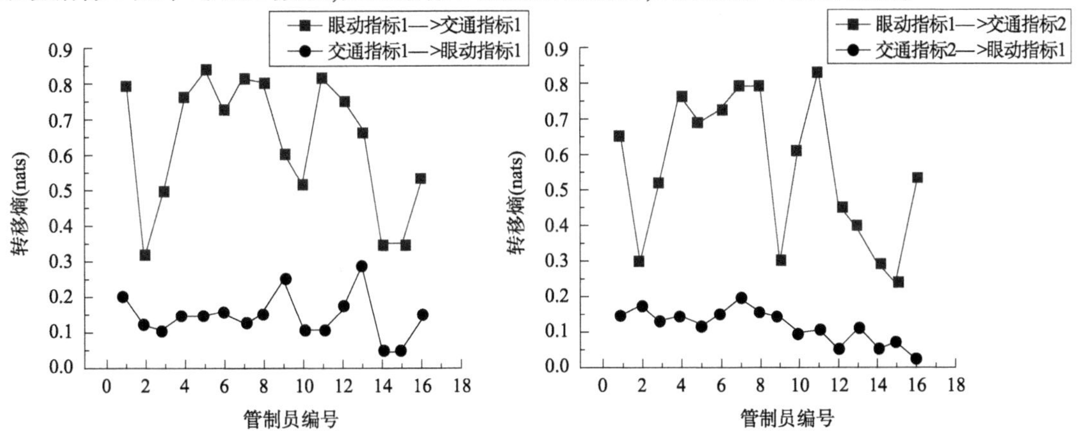

图5-20　平均AOI数量与密度类交通指标转移熵结果分布

(2)平均AOI数量—动态类交通指标

如图5-21所示(眼动指标1是平均AOI数量,交通指标7是爬升航空器数量,交通指标9是下降航空器数量,交通指标10是总爬升时间,交通指标11是总平飞时间,交通指标12是总下降时间,交通指标15是高度改变超过750英尺的航空器数量,交通指标16是平均速度),平均AOI数量与爬升航空器数量、下降航空器数量、平均速度等7个动态类交通指标互相传递信息,对于大部分指标组合,平均 AOI 数量传递的信息更多,只有总平飞时间和平均速度两个交通指标向平均 AOI 数量传递的信息大于眼动行为传向交通行为的信息。就传递的信息总量而言,平均 AOI 数量向交通指标 7/9/15(爬升航空器数量、下降航空器数量及高度改变超过 750 英尺的航空器数量)传递的信息整体较多。

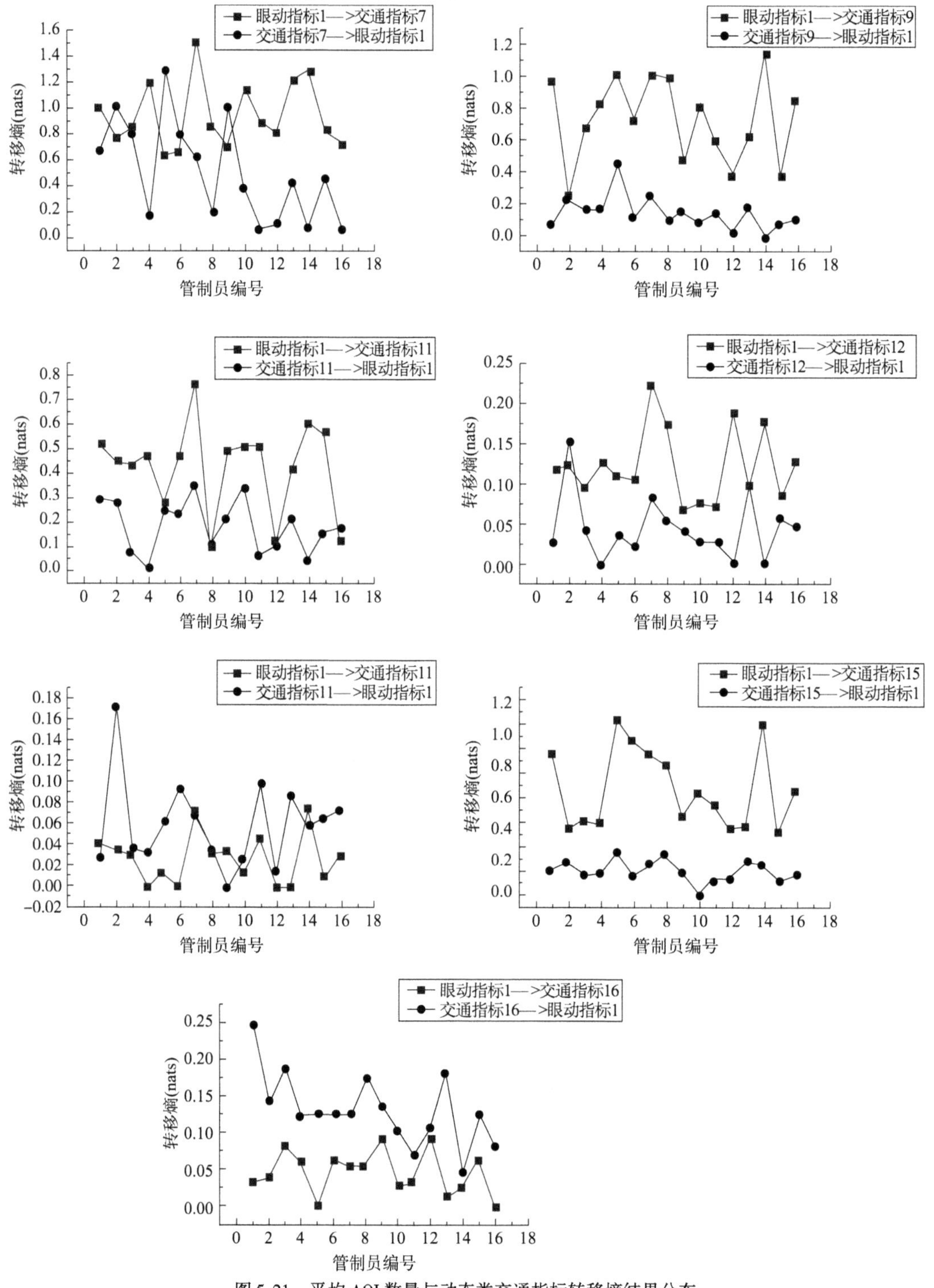

图 5-21　平均 AOI 数量与动态类交通指标转移熵结果分布

(3)平均 AOI 数量—冲突类交通指标

图 5-22 中眼动指标 1 是平均 AOI 数量,交通指标 20 是水平最小间隔。平均 AOI 数量也能与扇区中水平最小间隔相互影响,但与密度类、动态类不同,这两个指标相互影响程度近似,且总体传递信息量并不多。

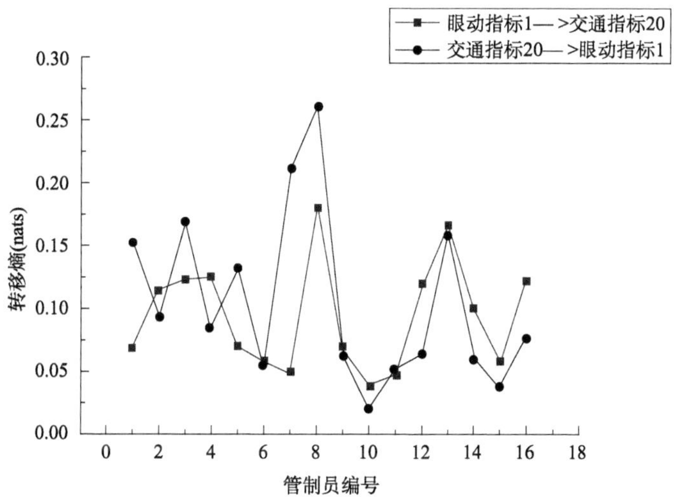

图 5-22　平均 AOI 数量与冲突类交通指标转移熵结果分布

(4)平均 AOI 数量—交通指标单向转移熵

在指标组合单向传输中,眼动指标向交通指标传递的信息依然高于交通指标向眼动指标传递的信息,并且均是向冲突类指标传递信息,见图 5-23,其中眼动指标 1 是平均 AOI 数量,交通指标 19 是欧氏距离在 0—13 海里内的航空器对数量,交通指标 22 是追越冲突航空器对数量,交通指标 5 是管制时间,交通指标 24 是最短预计冲突时间。

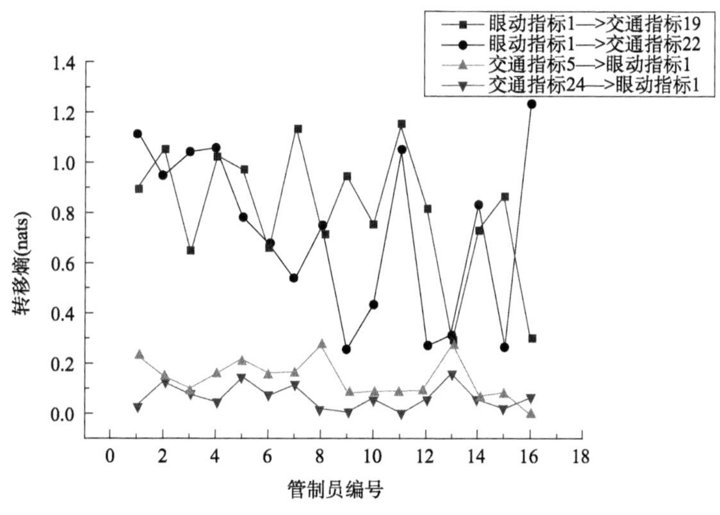

图 5-23　平均 AOI 数量与交通指标单向转移熵结果分布

平均注视持续时间与平均 AOI 数量在转移熵分析结果中展现出相似的模式:①平均注视持续时间与 4 个交通指标(爬升航空器数量、总爬升时间、高度改变超过 750 英尺的航空器数量、欧氏距离在0—13海里内的航空器对数量)有双向信息传递,并且眼动行为方向的信息传递更多;②平均注视持续时间还对5个交通指标单向传递信息,包含航空器数量、容流比、下降航空器数量、总下降时间、追越冲突航空器对数量等,其中向下降航空器数量传递信息较大。

AOI数量和注视持续时间是描述管制员注视行为的重要指标,它表示需要处理的视觉信息数量和处理难度。在管制指挥时,管制员与实时交通态势应处于一种动态交互的状态,对于管制员而言,需要及时通过视觉、听觉等从外界环境接收关于航班的各类信息,所以各类交通行为必然形成需要向管制员传递的视觉信息,以便管制员掌握航空器的基本分布,动态变化以及最新的临界状态,而且交通运行的复杂程度也会影响视觉信息的检索和分析难度。同时,管制员在接收到交通场景形成的视觉信息后,掌握了航空器的位置、速度、航向及高度等基本情况,基于管制技能和工作经验,及时生成管制策略,调整航空器的动态,使得航空器之间能够充分保持安全间隔,所以较多的动态类和冲突类交通行为指标收到了来自注视行为的信息。此外,眼动行为代表了管制员的认知活动,是管制员管制方案的体现,必然向各类交通行为传达了管制意图,而管制员是扇区内保障交通运行的主要决策者,航空器(机长)的运行均需要服从管制员指挥,因此管制员行为向交通行为传递的信息更高也合乎情理。

5.5.3.1.2　扫视行为

扫视行为主要通过平均扫视速度反映,由于计算结果中与眼动指标发生双向信息流动的交通指标并不多,故在下图中没有区分交通指标类型。平均扫视速度主要与动态类、冲突类指标产生双向信息传递,并且眼动行为方向的转移信息量依然高于交通行为方向,见图5-24,其中眼动指标6是平均扫视速度,交通指标9是下降航空器数量,交通指标10是总爬升时间,交通指标15是高度改变超过750英尺的航空器数量,交通指标19是欧氏距离在0—13海里内的航空器对数量,交通指标22是追越冲突航空器对数量。

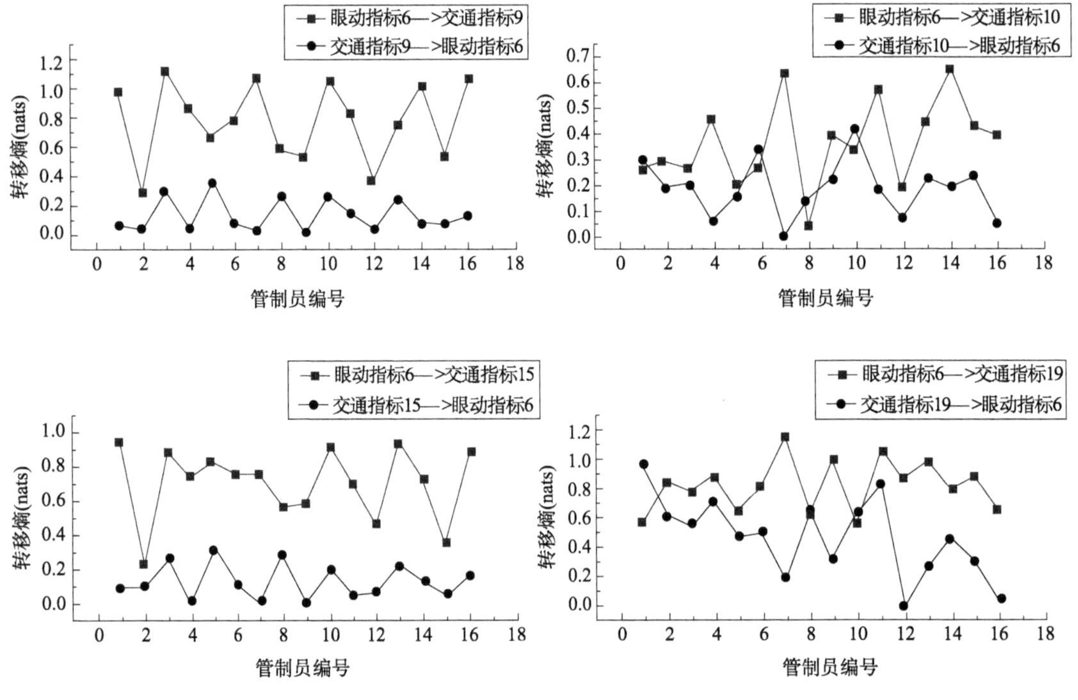

图　5-24

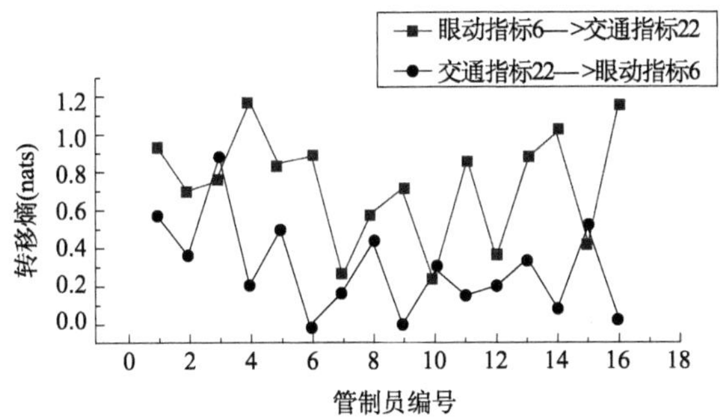

图 5-24 平均扫视速度与交通指标双向转移熵结果分布

此外,平均扫视速度还与 4 个交通指标产生了单向的信息流动,主要是密度类指标和动态类指标,向爬升航空器数量传递的信息量最大,详见图 5-25,其中眼动指标 6 是平均扫视速度,交通指标 1 是航空器数量,交通指标 2 是容流比,交通指标 7 是爬升航空器数量,交通指标 12 是总下降时间。

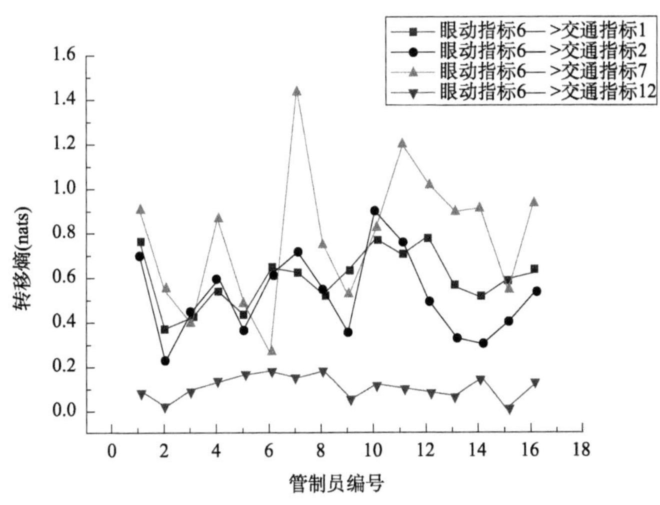

图 5-25 平均扫视速度与交通指标单向转移熵结果分布

平均扫视速度反映了管制员搜索目标的速度。当扇区内航空器的数量变化时,注视目标数量随之变化;当某架航空器改变高度时,管制员需要为其预判与其他对象的相对位置,防止产生冲突。因此,当交通态势变化导致生成新的兴趣区域时,随即也就影响了管制员的扫视行为,而扫视行为也以其运动特性契合了交通行为的动态要求。通过扫视行为,使得管制员在不同的关注目标之间高效地切换。

5.5.3.1.3 瞳孔直径

以左眼瞳孔平均直径为例,共与 4 个动态类交通指标生成双向信息流,详见图 5-26,其中眼动指标 3 是左眼瞳孔平均直径,交通指标 7 是爬升航空数数量,交通指标 9 是下降航空器数量,交通指标 10 是总爬升时间,交通指标 15 是高度改变超过 750 英尺的航空器数量。综合看来,眼动行为方向的转移信息量依然高于交通行为方向,与下降航空器数量、高度改变超过 750 英尺的航空器数量等传递信息较大。

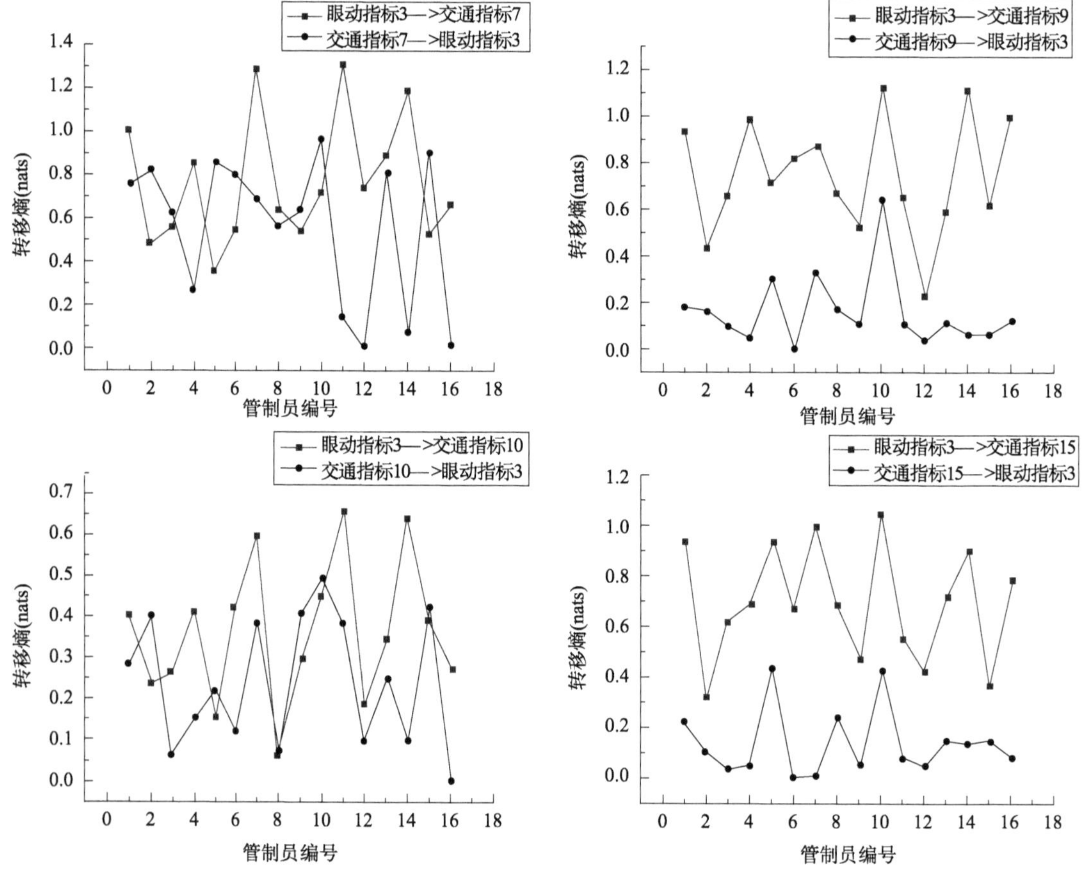

图 5-26 左眼瞳孔平均直径与交通指标双向转移熵结果分布

此外,左眼瞳孔平均直径还向 4 个交通指标传递了信息,主要是航空器数量、容流比、总下降时间、欧氏距离在 0—13 海里内的航空器对数量,其中向航空器数量传递的信息量较大。

右眼瞳孔平均直径与交通指标的信息传递模式与左眼瞳孔平均直径几乎一样:①与管制时间、下降航空器数量、平飞航空器数量、总爬升时间、高度改变超过 750 英尺的航空器数量等 5 个指标相互耦合,并且依然保持眼动方向耦合作用更强的规律;②右眼瞳孔平均直径单向耦合的交通指标有航空器数量、容流比、欧氏距离在 0—13 海里内的航空器对数量、追越冲突航空器对数量等,与冲突类指标耦合作用更强。

瞳孔直径通常与工作负荷相关,当认知任务处理需求和难度增加时,会导致瞳孔直径变大。动态类交通指标在很大程度上会增加管制员的工作负荷,因此与瞳孔直径相互耦合符合两类指标的特征。

5.5.3.1.4 眨眼频率

与上述 5 个眼动指标相比,平均眨眼频率与交通行为指标的耦合效应又呈现出新的模式。在图 5-27 中,眼动指标 5 是平均眨眼频率,交通指标 1 是航空器数量,交通指标 2 是容流比,交通指标 7 是爬升航空数数量,交通指标 9 是下降航空器数量,交通指标 10 是总爬升时间,交通指标 15 是高度改变超过 750 英尺的航空器数量,交通指标 19 是欧氏距离在 0—13 海里内的航空器对数量,交通指标 22 是追越冲突航空器对数量。平均眨眼频率与三类交通指标均产生了双向信息交互,其中最多的是动态类指标,共有 4 个。眼动行为方向的耦合作用整体略高,与爬升航空器数量、下降航空器数量等传递的信息也最多,其次是冲突类指标,最后是密度类指标。

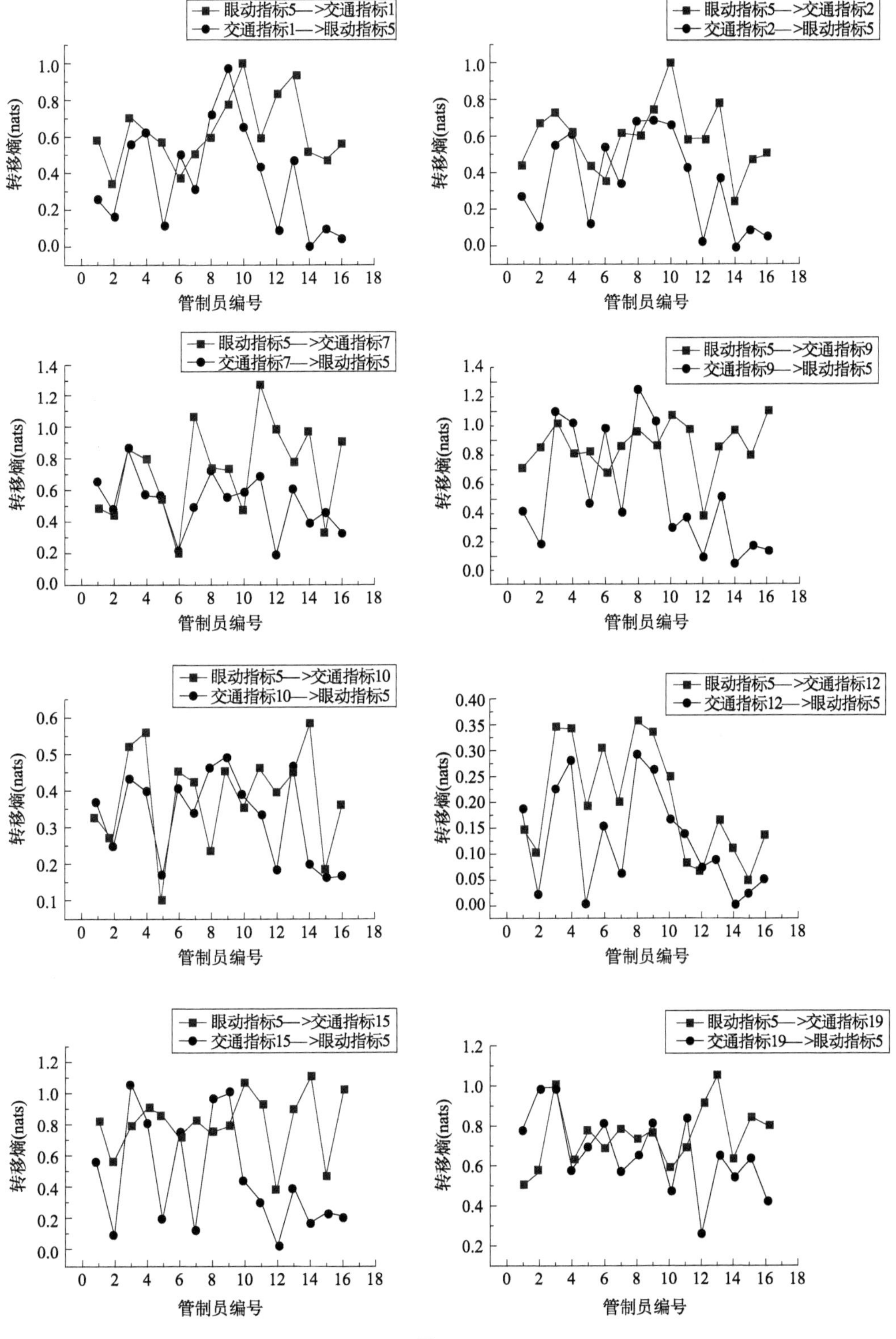

图 5-27

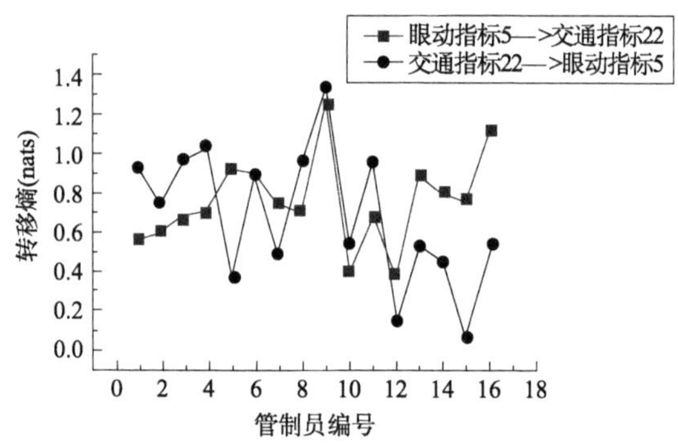

图 5-27 平均眨眼频率与交通指标双向转移熵结果分布

在单向耦合方面，平均眨眼频率没有再与其他交通指标产生耦合作用，而是收到了来自 3 个交通指标的信息：管制时间、平均管制时间、平飞航空器数量。眨眼频率也常用于表示视觉工作负荷，因此也与典型的交通指标相互耦合，与其他眼动指标不同的是，眨眼频率与交通指标在传递的信息量方面相差很小。

眼动行为与交通行为的指标组合在转移熵中的具体分布如表 5-6 所示。综上可得：①就方向性而言，眼动行为指标向交通行为指标传递信息的次数更多；②在传递信息量方面，整体看来也是眼动行为向交通行为传递的信息更多；③在眼动行为指标与交通行为指标相互耦合方面，存在着一些耦合频次较高的指标组合：爬升航空器数量、下降航空器数量、总爬升时间、高度改变超过 750 英尺的航空器数量等 4 个动态类交通行为指标几乎与所有眼动行为指标均产生了较强的耦合作用；④若只考虑眼动行为指标单向传递信息，除了上述 4 个动态类指标外，航空器数量、容流比、欧氏距离在 0—13 海里内的航空器对数量、追越冲突航空器对数量等 4 个指标也接收了所有眼动指标传递的信息。

两类行为指标转移熵结果总结　　表 5-6

眼动行为指标	双向传递	眼动行为指标单向传递	交通行为指标单向传递
平均 AOI 数量	**爬升航空器数量；下降航空器数量；总爬升时间；高度改变超过 750 英尺的航空器数量；** 航空器数量；容流比；总平飞时间；总下降时间；平均速度；水平最小间隔	欧氏距离在 0—13 海里内的航空器对数量；追越冲突航空器对数量	管制时间；最短预计冲突时间
平均注视持续时间	**爬升航空器数量；总爬升时间；高度改变超过 750 英尺的航空器数量；** 欧氏距离在 0—13 海里内的航空器对数量	航空器数量；容流比；下降航空器数量；总下降时间；追越冲突航空器对数量	
左眼瞳孔平均直径	**爬升航空数数量；下降航空器数量；总爬升时间；高度改变超过 750 英尺的航空器数量**	航空器数量；容流比；总下降时间；欧氏距离在 0—13 海里内的航空器对数量	
右眼瞳孔平均直径	**下降航空器数量；总爬升时间；高度改变超过 750 英尺的航空器数量；** 管制时间；平飞航空器数量	航空器数量；容流比；欧氏距离在 0—13 海里内的航空器对数量；追越冲突航空器对数量	

续上表

眼动行为指标	双向传递	眼动行为指标单向传递	交通行为指标单向传递
平均眨眼频率	**爬升航空数数量；下降航空器数量；总爬升时间；高度改变超过750英尺的航空器数量；** 航空器数量；容流比；欧氏距离在0—13海里内的航空器对数量；追越冲突航空器对数量		管制时间；平均管制时间；平飞航空器数量
平均扫视速度	**下降航空器数量；总爬升时间；高度改变超过750英尺的航空器数量；** 欧氏距离在0—13海里内的航空器对数量；追越冲突航空器对数量	航空器数量；容流比；爬升航空器数量；总下降时间	

5.5.3.2 整体分布水平

基于所有管制员样本，计算每种指标组合的平均转移熵，使用K-means聚类法简单将转移熵划为高、中、低三个等级。划分结果如下图5-28，三角形表示转移熵最高的一类结果。

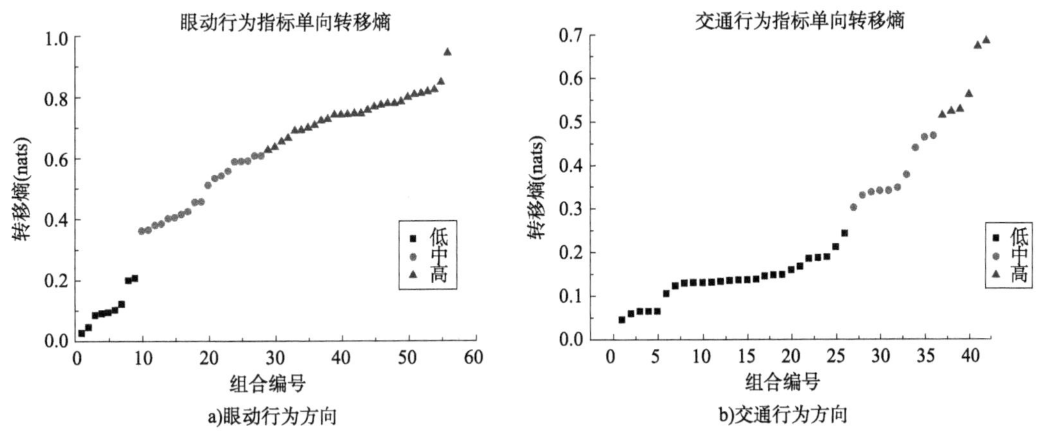

图5-28　平均转移熵等级划分

就转移熵数值分布而言，眼动行为方向转移熵分布区间为[0.03,0.94]，交通行为方向转移熵分布区间为[0.05,0.68]，眼动方向传递信息量整体高于交通方向，符合上述针对指标组合的分析。就聚类结果看，眼动行为方向转移熵分布在最高区间[0.63,0.94]的组合最多，达到该方向所有组合数量的50%，均是各类眼动行为向航空器数量、爬升航空器数量、下降航空器数量、高度改变超过750英尺的航空器数量、欧氏距离在0—13海里内的航空器对数量、追越冲突航空器对数量等6个交通行为传递信息，并且大致保持动态类和冲突类交通行为接收信息高于密度类交通行为的特征；而交通方向转移熵分布在最低区间[0.05,0.24]的最多，在较高区间[0.51,0.68]分布的仅有6个。

5.5.3.3 管制级别影响

基于现有管制员样本，尝试寻找管制级别与指标组合转移熵的关系。共有16名管制员(二级2人，三级1人，四级4人，五级9人)，涵盖二至五级四个级别，利用已有的转移熵计算结果，计算每个级别对应指标组合的转移熵平均值，分析各种组合下平均值随级别变化的趋势。

选取了与所有眼动行为指标耦合最多的4个交通指标：下降航空器数量、高度改变超过750英尺的航空器数量、航空器数量、欧氏距离在0—13海里内的航空器对数量，以6个眼动行为指标与交通行为指标的转移熵分析管制级别的影响。图5-29中横坐标2—5对应管制级别，其中交通指标9是下降航空器数量，交通指标15是高度改变超过750英尺的航空器数量，交通指标1是航空器数量，交通指标19是欧氏距离在0—13海里内的航空器对数量。

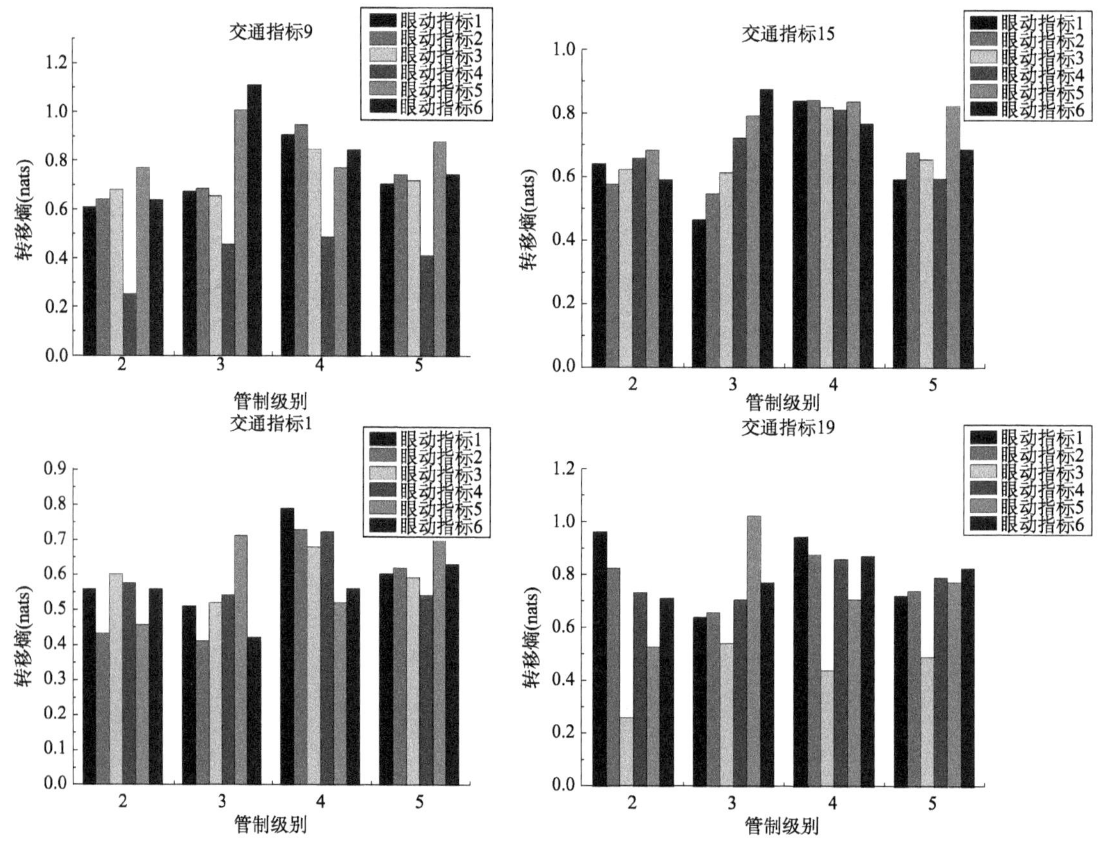

图5-29　平均转移熵在不同管制级别下的分布

对比图中数据分布可知，管制级别对指标之间转移熵结果的影响并不明显。在图中大部分组合显示，四级、五级管制员的平均转移熵高于二级、三级管制员，基于眼动行为单向转移熵计算结果统计可得，仅有48%的指标组合符合该特征，而在交通行为单向转移熵计算结果中，该现象发生的较少。综上，基于现有数据，无法深入挖掘管制级别对指标组合之间转移熵的分布影响。

5.6　本章小结

本章对管制员行为和扇区交通行为的关联特性进行了讨论。在第三章和第四章的研究基础上，选取了定量表征两类行为的指标，首先以皮尔森相关系数和斯皮尔曼相关系数为基础，逐一分析了“眼动—交通”和“通信—交通”指标组合的相关性分布规律，结果表明，在现有数据样本条件下，管制员个体或管制级别对相关性分布趋势没有显著的影响；眼动行为与交通行为主要呈单调相关（包含线性相关），相关频率较高的是动态类和密度类指标，其中与速度改变超过 10 节的航空器数量和 0—5 海里内的航空器对数量两个指标的平均相关性最高；通信行为与交通行为主要呈线性相关，主要体现在管制里程、管制时间等密度类指标上。然后使用转移熵分析方法，以眼动行为与交通行为指标组合为例，进一步分析提炼了两种行为的信息交互模式，结果表明眼动行为向交通行为传递信息的现象更多，转移熵更大，其中向动态类和密度类交通行为指标传递的信息属于最高水平；在眼动行为与交通行为存在双向耦合时，通常是眼动方向的转移熵更高；目前并没有发现管制级别与转移熵的相互作用关系。本章初步探索了交通行为与管制员行为的关联特性，基于仿真数据挖掘了两类行为的关联模式，研究成果可以为建立两类行为的关联模型，提炼相互影响机理提供有力的参考。

第六章　总结与展望

本书针对空中交通系统中的多尺度行为模式识别方法进行了较为系统和深入的研究，本章将总结主要研究结论与成果，并对下一步的研究方向进行了展望。

6.1 研究结论

本书立足于空中交通系统中涌现出的多尺度行为，先宏观后微观，由个体到关联，从机场交通行为、扇区交通行为、管制员行为、交通行为和管制员行为的关联四个主要视角，分别建立了不同行为的识别或分析方法，主要研究结论与成果总结如下：

(1)从内在属性和关联特征两种角度，探索了机场交通行为的多重特性。首先利用混沌特性分析方法对161个机场基础交通行为的特性进行了解析，发现了48个主要繁忙机场的流量、进场流量、离场流量、延误架次、进场延误架次和离场延误架次等6种交通行为均具有混沌特性，对于所有机场，出现混沌现象最多的仍是流量交通行为。然后针对机场交通行为(流量和延误架次)之间的关联特征展开了具体分析，通过谱聚类方法将交通行为关联性较高的机场划为一类，借鉴自组织理论从时空维度对比剖析了聚类结果中各类机场交通行为关联性的分布特征，基于两种行为的聚类结果中，类内相关性最高的一类机场在组成上是极为相似的，基本都是来自华东、华北、中南、西南等地区的重要繁忙机场，各类机场几乎都具备自组织临界特征，而所有机场构成的交通行为关联网络也存在自组织临界特性。此外，与“流量行为”相比，“延误行为”聚类机场以及“延误行为”关联特征网络的相关性在空间上的衰减速度更快，这与实际情况一致。

(2)基于多维指标体系，识别了扇区交通行为的内在属性和分布模式。结合国内外已有研究成果和空中交通运行特性，建立了量化反映扇区交通行为的指标体系，指标体系包含密度类、动态类和冲突类三类，用于解释不同维度的空中交通状态。利用混沌特性分析方法检测可知所有扇区样本的航空器数量、平均管制里程、平均管制时间、平均速度、水平最小间隔、垂直最小间隔等6个基础交通行为均存在混沌特性，这与机场交通行为的结论相似，说明两类不同对象、不同层级的交通行为均具有混沌属性。构建了两种扇区交通行为聚类分析方法：①利用主成分分析法较好地精炼了同类指标的内涵(均在90%以上)，分别识别了15个扇区样本在同类指标综合作用下的行为模式；②统计不同指标的时间序列，针对时间序列的高维属性，构建了基于DTW的K-medoids聚类算法，从而识别了15个扇区样本在各个具体交通行为下多样化的分布模式。两种聚类分析方式：一种体现了扇区的某类“综合”交通行为，一种更加聚焦细节，聚类结果可以相互印证。

(3)基于通信行为和眼动行为,挖掘了管制员行为的统计规律。在通信行为方面,利用去趋势波动分析法确定了管制员群体和个体层级通信行为的长程相关性,采用最大似然估计法,发现了管制员通信行为间隔时间的幂律分布特征,幂指数分布范围与人类动力学的研究成果存在重叠,此外,实例分析表明扇区类型对分布特征没有影响。在眼动行为方面,选取扫视行为和注视行作为分析指标,统计对比可知,经验丰富的管制员视觉信息检索效率更高,注意力分配更合理;注视持续时间和扫视速度也符合幂律分布特征,幂指数依然能够反映管制级别的差异,基于注视行为可以将管制员分为三类:二级管制员、三至五级管制员和见习管制员,基于扫视行为,可以将管制员分为两类:二至五级管制员和见习管制员。

(4)采用相关性分析方法,研究了扇区交通行为和管制员行为的关联特征。在交通行为和管制员行为的研究基础上,分别选取定量表征两大类行为的指标,建立多个“眼动—交通”、“通信—交通”指标组合,利用皮尔森相关系数和斯皮尔曼相关系数,首次定量分析了指标组合线性相关性和单调相关性的分布规律,在现有数据条件下,管制员个体或管制级别对相关性分布趋势没有显著的影响,眼动行为与交通行为主要呈单调相关(包含线性相关),与眼动行为指标相关频率较高的是动态类和密度类指标;通信行为与交通行为基本呈线性相关,主要体现为密度类指标。然后以“眼动—交通”组合为例,使用转移熵首次分析了两种行为的信息交互模式,结果表明两种行为存在双向信息转移,但眼动行为指标向交通行为指标传递信息的组合更多,整体转移熵更大。

6.2　研究展望

围绕空中交通系统中的多尺度行为,还可以在以下几个方面开展后续研究:

(1)本书仅是对中国机场的交通行为运行特征进行了初步分析,对于混沌、自组织临界等属性是否普遍存在于世界其他各国机场以及机场交通行为关联网络中还可以开展进一步的研究工作。此外,如何理解航空运输系统中重要机场的延误状态对其他机场的作用过程,建立模型,可以部分借鉴网络动力学的研究成果,开展进一步的研究。

(2)本书仅是从部分文献中挑选了定义明确,可以计算的扇区交通行为分析指标,并建立了指标体系。还可以对更多文献进行回顾,或采用问卷调查的方式从实际管制运行中挖掘更多反映交通运行状态的客观指标,充实现有的交通行为指标体系,增加对交通行为的描述维度。本书仅对多个扇区的同一个指标时间序列进行了聚类,可以进一步研究高维聚类算法,识别多个扇区在多个指标时间序列下的分布模式。

(3)本书研究发现机场和扇区交通行为均存在着混沌特性,在未来,可以综合利用历史数据和交通行为混沌属性,分别为航空运输系统中各类交通行为建立预测模型,准确科学地预测各类交通行为。

(4)在掌握管制员行为规律的基础上,可以进一步结合人类动力学的研究理论,建立管制员认知行为模型,采集更多更全的样本数据,论证管制员决策机制,通过模拟认知过程预测和监控管制员的行为。

(5)可以借鉴眼动行为在交通运输领域的研究成果,进一步设置多种仿真场景,积累采样数据,识别交通行为和管制员行为相关性在不同运行环境下的分布规律。此外,还可以采用线性或非线性的分析建模方法,论证两类行为之间的可预测性。

附　录

图表清单

注　释　表

第二章			
m	嵌入维数	τ	时间延迟
S	任一离散信息序列	Q	任一离散信息序列
$H(S)$	S 的平均信息量	$H(Q)$	Q 的平均信息量
$P_s(s_i)$	S 中 s_i 的概率	$P_q(q_j)$	Q 中 q_j 的概率
$I(S,Q)$	S 和 Q 的互信息	$R_m(t)$	m 维相空间中相点 $X(t)$ 与最近邻点 X_F 的距离
S_m	相点距离的变化幅度	S_T	伪最近邻点判断阈值
$\lambda_{\max}$	最大 Lyapunov 指数	P	时间序列平均周期
$d_t(0)$	第 t 个相空间点与最近邻点的初始距离	$d_t(i)$	邻域点对的 i 个离散时间步后的距离
$f_i(t)$	第 i 个机场在第 t 个时间片内的交通行为指标值	T	时间片数量
n	机场数量	ρ_{ij}	任意两个机场交通行为指标时间序列 f_i 和 f_j 之间的相关性
S	相似性矩阵	σ	标度参数
r_{ij}	样本 i 和 j 之间的距离	D	对角矩阵
L	拉普拉斯算子	v_{n-1}	第 $n-1$ 个特征向量
λ_{n-1}	第 $n-1$ 个特征值	g_i	第 i 个本征间隙
r	任意机场对之间的空间距离	$C(r)$	任意机场对之间的皮尔森相关系数
P	功率谱	f	频率
NUM	每个机场涉及的日期数量	atf_i	第 i 个机场的交通行为指标时间序列
$F(l)$	所有机场平均交通行为指标时间序列		
第三章			
Sec	空域内任一扇区	t_k	任一时段
T	所有时段的集合	Ac_{Sec,t_k}	时段 t_k 内扇区 Sec 中的航空器集合
Ac^i_{Sec,t_k}	时段 t_k 内扇区 Sec 中任一航空器	Num_{Sec,t_k}	时段 t_k 内扇区 Sec 中航空器数量
Cpt_{Sec,t_k}	时段 t_k 内扇区 Sec 容量	Cfr_{Sec,t_k}	时段 t_k 内扇区 Sec 容流比
$Ctfd^i_{Sec,t_k}$	Ac^i_{Sec,t_k} 的管制飞行里程	$Ctfd_{Sec,t_k}$	时段 t_k 内扇区 Sec 管制飞行里程
$AvgCtfd_{Sec,t_k}$	时段 t_k 内扇区 Sec 平均管制里程	$Ctft^i_{Sec,t_k}$	Ac^i_{Sec,t_k} 的管制飞行时间
$Ctft_{Sec,t_k}$	时段 t_k 内扇区 Sec 管制飞行时间	$AvgCtft_{Sec,t_k}$	时段 t_k 内扇区 Sec 平均管制时间
$Acclm^i_{Sec,t_k}$	任一爬升航空器	$Acclm_{Sec,t_k}$	时段 t_k 内 Sec 中爬升航空器集合
$Nclm_{Sec,t_k}$	时段 t_k 内扇区 Sec 爬升航空器数量	$Accru_{Sec,t_k}$	时段 t_k 内 Sec 中平飞航空器集合
$Accru^i_{Sec,t_k}$	任一平飞航空器	$Ncru_{Sec,t_k}$	时段 t_k 内扇区 Sec 平飞航空器数量

续上表

第三章			
$Acdes_{Sec,t_k}$	时段 t_k 内 Sec 中下降航空器集合	$Acdes^i_{Sec,t_k}$	任一下降航空器
$Acdes^i_{Sec,t_k}$	时段 t_k 内扇区 Sec 下降航空器数量	$Tclm^i_{Sec,t_k}$	$Acclm^i_{Sec,t_k}$爬升时间
$TClm_{Sec,t_k}$	时段 t_k 内扇区 Sec 总爬升时间	$Tcru^i_{Sec,t_k}$	$Accru^i_{Sec,t_k}$平飞时间
$TCru_{Sec,t_k}$	时段 t_k 内扇区 Sec 总平飞时间	$Tdes^i_{Sec,t_k}$	$Acdes^i_{Sec,t_k}$下降时间
$TDes_{Sec,t_k}$	时段 t_k 内扇区 Sec 总下降时间	$Achc^i_{Sec,t_k}$	航向改变大于 15°的航空器
$Achc_{Sec,t_k}$	时段 t_k 内扇区 Sec 中所有航向改变大于 15°的航空器集合	$AcHc_{Sec,t_k}$	时段 t_k 内扇区 Sec 中所有航向改变大于 15°的航空器数量
$Acsc^i_{Sec,t_k}$	速度改变超过 10 节的航空器	$Acsc_{Sec,t_k}$	时段 t_k 内扇区 Sec 中所有速度改变大于 10 节的航空器集合
$AcSc_{Sec,t_k}$	时段 t_k 内扇区 Sec 中所有速度改变大于 10 节的航空器数量	$Acac^i_{Sec,t_k}$	高度改变超过 2000 英尺的航空器
$Acac_{Sec,t_k}$	时段 t_k 内扇区 Sec 中所有高度改变超过 2000 英尺的航空器集合	$AcAc_{Sec,t_k}$	时段 t_k 内扇区 Sec 中所有高度改变超过 2000 英尺的航空器数量
$Ac^i_{Sec,t_k}, Ac^j_{Sec,t_k}$	任一航空器	Vac^i_{Sec,t_k}	航空器 Ac^i_{Sec,t_k} 的速度
$\overline{V}_{Sec,t_k}$	时段 t_k 内 Sec 中航空器的平均速度	Dis^5_{Sec,t_k}	扇区 Sec 中所有不重复的欧氏距离小于 5 海里的航空器对集合
$Acpdis^5_{Sec,t_k}$	扇区 Sec 中所有不重复的欧氏距离小于 5 海里的航空器对数量	Dis^8_{Sec,t_k}	扇区 Sec 中所有不重复的欧氏距离小于 8 海里的航空器对集合
$Acpdis^8_{Sec,t_k}$	扇区 Sec 中所有不重复的欧氏距离小于 8 海里的航空器对数量	Dis^{13}_{Sec,t_k}	扇区 Sec 中所有不重复的欧氏距离小于 13 海里的航空器对集合
$Acpdis^{13}_{Sec,t_k}$	扇区 Sec 中所有不重复的欧氏距离小于 13 海里的航空器对数量	$Hsep^{i,j}_{Sec,t_k}$	Ac^i_{Sec,t_k} 与 Ac^j_{Sec,t_k} 的水平间隔
$Minhsep_{Sec,t_k}$	时段 t_k 内扇区 Sec 的水平最小间隔	$Vsep^{i,j}_{Sec,t_k}$	Ac^i_{Sec,t_k} 与 Ac^j_{Sec,t_k} 的垂直间隔
$Minvsep_{Sec,t_k}$	时段 t_k 内扇区 Sec 的垂直最小间隔	$Aglpair^{i,j}_{Sec,t_k}$	$(Ac^i_{Sec,t_k}, Ac^j_{Sec,t_k})$的航迹交叉角
$Numovacp_{Sec,t_k}$	时段 t_k 内扇区 Sec 内具有潜在追越冲突的航空器对数量	$Numopacp_{Sec,t_k}$	时段 t_k 内扇区 Sec 中具有潜在对头冲突的航空器对数量
$\overline{V^{ij}_{Sec,t_k}}$	$(Ac^i_{Sec,t_k}, Ac^j_{Sec,t_k})$相对速度矢量	$\overline{D^{ij}_{Sec,t_k}}$	$(Ac^i_{Sec,t_k}, Ac^j_{Sec,t_k})$相对距离矢量
$Mincft_{Sec,t_k}$	时段 t_k 扇区 Sec 最短预计冲突时间	M	扇区样本数量
N	原始指标数量	X	指标数据矩阵
x_{mn}	第 m 个样本第 n 项指标数据	Y	指标数据标准化矩阵
R	相关系数矩阵	λ_n	相关系数矩阵第 n 个特征值
U_n	相关系数矩阵第 n 个特征向量	I	单位矩阵
z_n	第 n 个主成分	δ_n	第 n 个主成分的贡献率
D	时间序列之间的相异矩阵	$p_1, p_2, \cdots, p_s$	不同点之间的路径
K	聚类数量	CT_K	第 K 个聚类中心
C_k	第 K 个聚类集合	Das_i	C_i 中所有样本到中心的平均距离
Dcs_{ij}	不同聚类中心 C_i 和 C_j 之间的距离		

续上表

第四章			
$time_j^{start}$	通信行为 j 开始时间	$time_j^{end}$	通信行为 j 结束时间
L_j	通信行为 j 的长度	τ	通信事件间隔时间
τ_w	通信事件响应时间	N_s	时间序列划分的区间个数
s	划分区间的长度	θ	待估计参数
LR	对数似然函数值比例	d_1	划分临界距离
d_2	聚簇临界距离	mt	注视最小持续时间
x	视线与屏幕交点的横坐标	y	视线与屏幕交点的纵坐标
$time$	产生记录的时间	$mean\_x$	均值的横坐标
$mean\_y$	均值的纵坐标	x_c	注视中心的横坐标
y_c	注视中心的纵坐标	st_f	注视开始时间
$duration_f$	注视持续时间	$vrlocity$	扫视速度
st_s	扫视开始时间	$duration_s$	扫视持续时间
第五章			
$em_j^i(t)$	第 i 位管制员第 j 个眼动指标在第 t 个时间片的数值	$tm_k^i(t)$	第 i 位管制员第 k 个交通指标在第 t 个时间片的数值
$\overline{em_j^i}$	第 i 位管制员第 j 个眼动指标的平均值	$\overline{tm_k^i}$	第 i 位管制员第 k 个交通指标的平均值
ρ_{jk}^i	第 i 位管制员第 j 个眼动指标与第 k 个交通指标的皮尔森相关系数	$Sre_j^i(t)$	第 i 位管制员第 j 个眼动指标第 t 个数值的升序位置
$Srt_k^i(t)$	第 i 位管制员第 k 个交通指标第 t 个数值的升序位置	ρs_{jk}^i	第 i 位管制员第 j 个眼动指标与第 k 个交通指标的斯皮尔曼相关系数
H	信息熵	$T_{J\to I}$	随机变量 J 到 I 的转移熵
X_τ^d	嵌入维数为 d，延迟时间为 τ 的高维时间序列	i_t,j_t	VI 和 J 在 t 时刻的状态

缩 略 语 表

缩 略 词	英 文 全 称	中 文 释 义
ATM	Air Traffic Management	空中交通管理
ATC	Air Traffic Control	空中交通管制
ATFM	Air Traffic Flow Management	空中交通流量管理
ASM	Airspace Management	空域管理
ICAO	International Civil Aviation Organization	国际民航组织
FAA	Federal Aviation Administration	美国联邦航空管理局
NASA	National Aeronautics and Space Administration	美国国家航空航天局
ASBU	Aviation Systems Block Upgrades	航空系统组块升级计划
STATFOR	Statistics and Forecast Service	统计和预测服务
RTCA	Radio Technical Commission for Aeronautics	航空无线电技术委员会
COCA	Complexity and Capacity	复杂性和容量
DD	Dynamic Density	动态密度
PCA	Principal Component Analysis	主成分分析
DTW	Dynamic Time Warping	动态时间弯曲
DFA	Detrended Fluctuation Analysis	去趋势波动分析
MLE	Maximum Likelihood Estimate	极大似然估计
AOI	Area of Interest	兴趣区域
SOC	Self Organized Criticality	自组织临界

参考文献

[1] 中国民用航空局.2018 年民航行业发展统计公报[R].2019,5.

[2] R. Guimerá, Amaral L A N. Modeling the World-wide Airport Network[J]. The European Physical Journal B,2004,38 (2):381-385.

[3] Jimenez E,Claro J,Sousa J P D. Spatial and Commercial Evolution of Aviation Networks:A Case Study in Mainland Portugal[J]. Journal of Transport Geography,2012,24(4):383-395.

[4] Kotegawa T,Fry D,Delaurentis D,et al. Impact of Service Network Topology on Air Transportation Efficiency[J]. Transportation Research Part C Emerging Technologies,2013,40(1):231-250.

[5] Wandelt S,Sun X Q. Evolution of the International Air Transportation Country Network from 2002 to 2013[J]. Transportation Research Part E Logistics & Transportation Review,2015,82(1):55-78.

[6] 于海波.中国航空网络拓扑结构及其演化特征[D].北京:北京大学,2005.

[7] 刘宏鲲,张效莉,曹崀,等.中国城市航空网络航线连接机制分析[J].中国科学:物理学 力学 天文学,2009,39(7):935-942.

[8] Zhang J,Cao X B,Du W B,et al. Evolution of Chinese Airport Network[J]. Physica A Statistical Mechanics & Its Applications,2010,389(18):3922-3931.

[9] 钱江海,韩定定,马余刚.开放式复杂航空网络系统的动力学演化[J].物理学报,2011,60(9):801-806.

[10] 王姣娥,莫辉辉.中国航空网络演化过程的复杂性研究[J].交通运输系统工程与信息,2014,14(1):71-80.

[11] Albert R,Jeong H,Barabsi A L. Error and Attack Tolerance of Complex Networks[J]. Nature,2000,406(6794):378-382.

[12] Hossain M, Abbass H, Alam S, et al. Australian Airport Network Robustness Analysis: A Complex Network Approach[C]. Australasian Transport Research Forum. 2013.

[13] Lordan O,Sallan J M,Simo P,et al. Robustness of the Air Transport Network[J]. Transportation Research Part E Logistics & Transportation Review,2014,68(68):155-163.

[14] Dong B. Reliability Analysis for Aviation Airline Network Based on Complex Network[J]. Journal of Aerospace Technology & Management,2014,6(2):193-201.

[15] Wandelt S,Sun X Q,Cao X B. Computationally Efficient Attack Design for Robustness Analysis of Air Transportation Networks[J]. Transportmetrica A Transport Science,2015,11(10):1-27.

[16] 曾小舟.基于复杂网络理论的中国航空网络结构实证研究与分析[D].南京:南京航空航天大学,2011.

[17] 党亚茹,丁飞雅,高峰.我国航班流网络抗毁性实证分析[J].交通运输系统工程与信息,2012,12(6):177-185.

[18] 徐伟举.基于复杂网络的美国航空线路网络的抗毁性研究[D].成都:西南交通大学,2013.

[19] 陈娱,王姣娥,金凤君.中国国内航空网络的可靠性评价[J].地理与地理信息科学,2015,31(3):59-64.

[20] Lacasa L,Cea M,Zanin M. Jamming Transition in Air Transportation Networks[J]. Physica A:Statistical Mechanics and its Applications,2009,388(18):3948-3954.

[21] Fleurquin P, Ramasco J J, Eguiluz V M. Systemic Delay Propagation in the US Airport Network[J]. Scientific Reports,2013,3(3):142-154.

[22] Pyrgiotis N,Malone K M,Odoni A. Modelling Delay Propagation within an Airport Network [J]. Transportation Research Part C Emerging Technologies,2013,27(2):60-75.

[23] Zou B,Hansen M. Flight Delay Impact on Airfare and Flight Frequency:A Comprehensive Assessment[J]. Transportation Research Part E Logistics & Transportation Review,2014,69(3):54-74.

[24] Baumgarten P,Malina R,Lange A. The Impact of Hubbing Concentration on Flight Delays within Airline Networks:An Empirical Analysis of the US Domestic Market[J]. Transportation Research Part E Logistics & Transportation Review,2014,66(1):103-114.

[25] Kafle N,Zou B. Modeling Flight Delay Propagation:A New Analytical-econometric Approach [J]. Transportation Research Part B Methodological,2016,93(A):520-542.

[26] Campanelli B,Fleurquin P,Arranz A,et al. Comparing the Modeling of Delay Propagation in the US and European Air Traffic Networks[J]. Journal of Air Transport Management,2016,56:12-18.

[27] 邵荃,朱燕,贾萌,等.基于复杂网络理论的航班延误波及分析[J].航空计算技术,2015(4):24-28.

[28] 吴凡.机场网络航班延误传播机理研究[D].南京:南京航空航天大学,2015.

[29] 李俊生,丁建立.基于贝叶斯网络的航班延误传播分析[J].航空学报,2008,29(6):1598-1604.

[30] 王珊珊,王建东,丁建立.航班延误波及链的有色出现网模型[J].计算机科学,2009,36(2):241-244.

[31] A. Masalonis,M. Callaham,C. Wanke,Dynamic Density and Complexity Metrics for Real-Time Traffic Flow Management[C]. 5th USA/Europe Air Traffic Management R&D Seminar, Budapest,Hungary,2003.

[32] Maria P, Luigi P, Stephane P, et al. Toward Air Traffic Complexity Assessment in New Generation Air Traffic Management Systems[J]. IEEE Transactions on Intelligent Transportation Systems,2011,12(3):809-818.

[33] Bar-Atid Arad. The Controller Load and Sector Design[J]. Journal of Air Traffic Control,1964:12-31.

[34] RTCA. Report of the RTCA Board of Directors Select Committee on Free Flight[R]. RTCA:Washington DC,1995.

[35] I. V. Laudeman, S. G. Shelden, R. Branstrom, et al. Dynamic Density: An Air Traffic Management Metric[R]. NASA/TM-1998-112226,Washington DC,NASA,1998.

[36] D. Delahaye,S. Puechmorel. Air Traffic Complexity:Towards Intrinsic Metrics[C]. 3rd USA/

Europe Air Traffic Management R&D Seminar, Napoli, Italy, 2000.

[37] Gano B. Chatterji, Banavar Sridhar. Measures for Air Traffic Controller Workload Prediction [C]. 1st AIAA Aircraft, Technology, Integration, and Operations Forum, Reston, Virginia, 2001:2. C. 4-1—2. C. 4-9.

[38] Histon J M, Hansman R J, Gottlieb B, et al. Structural Considerations and Cognitive Complexity in Air Traffic Control[C]. 21st Digital Avionics Systems Conference, 2002, 1:1C2-1—1C2-13.

[39] Anton Koros, Pamela S. Della Rocco, Gulshan Panjwani, et al. Complexity in Air Traffic Control Towers: A Field Study Part 1. Complexity Factors [R]. DOT/FAA/CT-TN03/14, Washington DC, FAA, 2003.

[40] Christien R, Benkouar A, Chaboud T, et al. Air Traffic Complexity Indicators & ATC Sectors Classification[C]. 5th USA/Europe Air Traffic Management R&D Seminar, Budapest, Hungary, 2003.

[41] B. Hilburn. Cognitive Complexity in Air Traffic Control: A Literature Review[R]. EEC Note No. 04/04, Brussels, Eurocontrol, 2004.

[42] Steve Penny, Robert Hoffman, Jimmy Krozel, et al. Classification of Days in the National Airspace System Using Cluster Analysis [J]. Air Traffic Control Quarterly, 2005, 13 (1): 29-54.

[43] Gianazza D, Guittet K. Selection and Evaluation of Air Traffic Complexity Metrics[C]. 25th Digital Avionics Systems Conference, 2006.

[44] Flynn G M, Leleu C, Hilburn B. A Complexity Study of the Maastricht Upper Airspace Centre[R]. EEC Report, Brussels, Eurocontrol, 2006.

[45] Manning C, Pfleiderer E. Relationship of Sector Activity and Sector Complexity to Air Traffic Controller Taskload[R]. Fedral Aviation Administration, Civil Aerospace Medical Institute, Oklahoma, DOT/FAA/AM-06/29, 2006.

[46] Flener P, Pearson J, Ågren M, et al. Air-traffic Complexity Resolution in Multi-Sector Planning [J]. Journal of Air Transport Management, 2007, 13(6):323-328.

[47] Kopardekar P, Rhodes J, Schwartz A, et al. Relationship of Maximum Manageable Air Traffic Control Complexity and Sector Capacity[C]. 26th International Congress of the Aeronautical Sciences, Anchorage, Alaska, 2008:15-19.

[48] Kopardekar P, Schwartz A, Magyarits S, et al. Airspace Complexity Measurement: An Air Traffic Control Simulation Analysis[J]. International Journal of Industrial Engineering: Theory, Applications and Practice, 2009, 16(1):61-70.

[49] Djokic J, Lorenz B, Fricke H. Air Traffic Control Complexity as Workload Driver[J]. Transportation Research Part C Emerging Technologies, 2010, 18(6):930-936.

[50] Li L S, Cho H S, Hansman R J, et al. Aircraft-Based Complexity Assessment for Radar Controllers in the Multi-Sector Planner Experiment[C]. 10th AIAA Aviation Technology, Integration, and Operations (ATIO) Conference, Fort Worth, Texas, 2010.

[51] Xue M, Zelinski S. Complexity Analysis of Traffic in Corridors-in-the-sky[C]. 10th AIAA Aviation Technology, Integration, and Operations (ATIO) Conference, Fort Worth,

Texas,2010.

[52] Vogel M,Schelbert K,Fricke H,et al. Analysis of Airspace Complexity Factors' Capability to Predict Work-load and Safety Levels in the TMA [C]. 10th USA/Europe Air Traffic Management R&D Seminar,Chicago,USA,2013.

[53] Song Z X, Chen Y Z, Li Z L, et al. A Review for Workload Measurement of Air Traffic Controller Based on Air Traffic Complexity [C]. 25th Control and Decision Conference (CCDC),2013:2107-2112.

[54] Toy J. Complexity Metric Comparison Study for Controller Workload Prediction in 4D Trajectory Management Environments[D]. Delft:Delft University of Technology,2015.

[55] 岳仁田,赵嶷飞,罗云. 空中交通拥挤判别指标的建立与应用[J]. 中国民航大学学报,2008,26(3):30-35.

[56] 张晨. 空中交通管理中的交通行为复杂性研究[D]. 南京:南京航空航天大学,2011.

[57] 张建平,胡明华,刘卫东,等. 终端区空中交通管制运行品质综合评价[J]. 西南交通大学学报,2012,47(2):341-347.

[58] 张建平,胡明华,吴振亚,等. 基于 BP 网络的空中交通管制运行品质评价[J]. 西南交通大学学报,2013,48(3):553-558.

[59] 赵嶷飞,刘文,王红勇. 基于 K-means 的空中交通流模式识别[J]. 科学技术与工程,2014,14(27):301-303.

[60] 张蕾. 管制员工作负荷评估系统及扇区容量问题研究[D]. 南京:南京航空航天大学,2006.

[61] 罗帆,黄蓉蓉,汪洪蛟,等. 空中交通管制员与飞行员通信风险评估指标体系研究[J]. 中国安全科学学报,2010,20(5):162-166.

[62] 陈晨,向东. 基于管制语音特点统计分析的管制负荷评价[J]. 空中交通管理,2010(10):4-6.

[63] Popescu V,Augris H,Feigh K M. A Stochastic Model for Air Traffic Control Radio Channel Utilization[C]. 4th International Conference on Research in Air Transportation. Budapest,2010:263-270.

[64] Wang Y J,Vormer F,Hu M H,et al. Empirical Analysis of Air Traffic Controller Dynamics [J]. Transportation Research Part C Emerging Technologies,2013,33(4):203-213.

[65] Barabasi A L. The Origin of Bursts and Heavy Tails in Human Dynamics[J]. Nature,2005,435:207-211.

[66] Vázquez A, Oliveira J G, Dezsö Z, et al. Modeling Bursts and Heavy Tails in Human Dynamics[J]. Physical Review E Statistical Nonlinear & Soft Matter Physics,2006,73(2):80-98.

[67] Candia,Julián,González,et al. Uncovering Individual and Collective Human Dynamics from Mobile Phone Records[J]. Physics,2007,41(22):1441-1446.

[68] Wang S C,Tseng J J,Tai C C,et al. Network Topology of An Experimental Futures Exchange [J]. The European Physical Journal B,2008,62(1):105-111.

[69] Zhou T,Kiet H A T,Kim B J,et al. Role of Activity in Human Dynamics[J]. Europhysics Letters,2008,82(2):237-240.

[70] Malmgren R D,Stouffer D B,Motter A E,et al. A Poissonian Explanation for Heavy Tails in E-Mail Communication[J]. Communication Proceedings of the National Academy of Sciences of the United States of America,2008,105(47):18153-18158.

[71] Li N N,Zhang N,Zhou T. Empirical Analysis on Temporal Statistics of Human Correspondence Patterns[J]. Physica A Statistical Mechanics & Its Applications,2008,387(25):6391-6394.

[72] Hong W,Han X P,Zhou T,et al. Heavy-Tailed Statistics in Short-Message Communication [J]. Chinese Physics Letters,2008,26(2):297-299.

[73] Radicchi F. Human Activity in the Web[J]. Physical Review E Statistical Nonlinear & Soft Matter Physics,2009,80(2):1711-1715.

[74] Chen G X,Han X P,Wang B H. Multi-level Scaling Properties of Instant-message Communications[J]. Physics Procedia,2010,3(5):1897-1905.

[75] Wang J,Gao K,Li G. Empirical Analysis of Customer Behaviors in Chinese E-Commerce[J]. Journal of Networks,2010,5(10):1177-1184.

[76] Guo J L,Fan C,Guo Z H. Weblog Patterns and Human Dynamics with Decreasing Interest [J]. The European Physical Journal B,2011,81(3):341-344.

[77] Wang P,Xie X Y,Chi H Y,et al. Heterogenous Scaling in the Inter-event Time of On-line Bookmarking[J]. Physica A Statistical Mechanics & Its Applications,2011,390(12):2395-2400.

[78] Ulf A,Ferne J. F. Using Eye Movement Activity as A Correlate of Cognitive Workload[J]. International Journal of Industrial Ergonomics,2006,36(7):623-636.

[79] Stasi L L D,Marchitto M,Antolí A,et al. Approximation of On-line Mental Workload Index in ATC Simulated Multitasks[J]. Journal of Air Transport Management,2010,16(6):330-333.

[80] Marchitto M,Stasi L L D,Cañas J J. Ocular Movements under Taskload Manipulations: Influence of Geometry on Saccades in Air Traffic Control Simulated Tasks[J]. Human Factors and Ergonomics in Manufacturing & Service Industries,2012,22(5):407-419.

[81] Pierre-Vincent Paubel,Philippe Averty,Eric Raufaste. Effects of An Automated Conflict Solver on the Visual Activity of Air Traffic Controllers[J]. International Journal of Aviation Psychology,2013,23(2):181-196.

[82] Lindsey K. M,Andy M,Chuck G,et al. Detection of Vigilance Performance Using Eye Blinks [J]. Applied Ergonomics,2014,45(2,Part B):354-362.

[83] Ludo W,Halszka J,Saskia B. G,et al. Identification of Effective Visual Problem Solving Strategies in A Complex Visual Domain[J]. Learning and Instruction,2014,32:10-21.

[84] Kang Z H,Ellen J. B,Douglas W. L. Air Traffic Controllers' Visual Scanning,Aircraft Selection,And Comparison Strategies in Support of Conflict Detection[C]. In Proceedings of the Human Factors and Ergonomics Society 58th Annual Meeting,2014.

[85] Lundberg J,Johansson J,Forsell C,et al. The Use of Conflict Detection Tools in Air Traffic Management:An Unobtrusive Eye Tracking Field Experiment During Controller Competence Assurance[C]. Proceedings of the International Conference on Human-Computer Interaction in Aerospace,2014.

[86] Marchitto M, Benedetto S, Baccino T, et al. Air Traffic Control: Ocular Metrics Reflect Cognitive Complexity[J]. International Journal of Industrial Ergonomics, 2016, 54: 120-130.

[87] Veltman J A, Gaillard A W. Physiological Workload Reactions to Increasing Levels of Task Difficulty[J]. Ergonomics, 1998, 41(5): 656-69.

[88] Kasarskis P, Stehwien J, Hickox J, et al. Comparison of Expert and Novice Scan Behaviors During VFR Flight[C]. The 11th International Symposium on Aviation Psychology Columbus, the Ohio State University, 2001.

[89] Jarvis S, Harris D. Looking for An Accident: Glider Pilots' Visual Management and Potentially Dangerous Final Turns [J]. Aviation Space & Environmental Medicine, 2007, 78 (6): 597-600.

[90] Schriver A T, Morrow D G, Wickens C D, et al. Expertise Differences in Attentional Strategies Related to Pilot Decision Making[J]. Human Factors, 2008, 50(6): 864-878.

[91] Christopher E. Kirby. An Analysis of Helicopter Pilot Scan Techniques While Flying at Low Altitudes and High Speed[D]. Monterey California Naval Postgraduate School, 2012.

[92] Li W C, Braithwaite G, Yu C S. The Investigation of Pilots' Eye Scan Patterns on the Flight Deck During An Air-to-Surface Task[C]. International Conference on Engineering Psychology and Cognitive Ergonomics, 2014: 325-334.

[93] Underwood G, Crundall D, Chapman P. Selective Searching while Driving: the Role of Experience in Hazard Detection and General Surveillance[J]. Ergonomics, 2002, 45(1): 1-12.

[94] Underwood G, Chapman P, Bowden K, et al. Visual Search while Driving: Skill and Awareness During Inspection of The Scene[J]. Transportation Research Part F Traffic Psychology & Behaviour, 2002, 5(2): 87-97.

[95] Underwood G, Chapman P, Brocklehurst N, et al. Visual Attention while Driving: Sequences of Eye Fixations Made By Experienced and Novice Drivers[J]. Ergonomics, 2003, 46(6): 629-646.

[96] Olsen E C B, Lee S E, Simonsmorton B G. Eye Movement Patterns for Novice Teen Drivers Does 6 Months of Driving Experience Make a Difference? [J]. Transportation Research Record, 2007(2009): 8-14.

[97] Borowsky A, Shinar D, Oron-Gilad T. Age, Skill, and Hazard Perception in Driving[J]. Accident Analysis& Prevention, 2010, 42(4): 1240-1249.

[98] Konstantopoulos P, Chapman P, Crundall D. Driver's Visual Attention as a Function of Driving Experience and Visibility. Using a Driving Simulator to Explore Drivers' Eye Movements in Day, Night and Rain Driving[J]. Accident; analysis and prevention, 2010, 42(3): 827-834.

[99] Konstantopoulos P, Chapman P, Crundall D. Exploring the Ability to Identify Visual Search Differences When Observing Drivers' Eye Movements[J]. Transportation Research Part F Traffic Psychology & Behaviour, 2012, 15(3): 378-386.

[100] Faure V, Lobjois R, Benguigui N. The Effects of Driving Environment Complexity and Dual Tasking on Drivers' Mental Workload and Eye Blink Behavior[J]. Transportation Research

Part F Traffic Psychology & Behaviour,2016,40:78-90.

[101] 靳慧斌,蔡亚敏,洪远. 模拟管制中管制员注视转移特征研究[J]. 中国安全科学学报,2014,24(10):65-70.

[102] 王燕青,王健新,惠金有,等. 大流量管制情境下雷达管制员眼动特征分析[J]. 中国安全科学学报,2016,26(6):1-6.

[103] 王超,于超博,王敏. 基于注意力分配的管制员调配飞行冲突认知过程研究[J]. 安全与环境学报,2016(4):205-209.

[104] 刘伟,袁修干,葛衡,等. 军机飞行员情境认知水平的实验研究[J]. 北京航空航天大学学报,2004,30(6):543-546.

[105] 柳忠起,袁修干,刘伟,等. 飞行员注意力分配的定量测量方法[J]. 北京航空航天大学学报,2006,32(5):518-520.

[106] Li W C,Chiu F C,Wu K J. The Evaluation of Pilots Performance and Mental Workload by Eye Movement[C]. Proceeding of the 30th European Association for Aviation Psychology Conference,Sardinia,Italy,2012.

[107] He X,Wang L,Gao X,et al. The Eye Activity Measurement of Mental Workload Based on Basic Flight Task[C]. IEEE International Conference on Industrial Informatics,2012:502-507.

[108] 孙瑞山,汪苧. 飞行模拟器环境下飞行员视觉特征[J]. 北京航空航天大学学报,2013,39(7):897-901.

[109] 牛四芳,娄振山,卢天娇. Su-30飞行员在模拟飞行任务中的眼动指标分析[J]. 现代生物医学进展,2013,13(34):6776-6780.

[110] Yang C J,Liu Z Q,Zhou Q X,et al. Analysis on Eye Movement Indexes Based on Simulated Flight Task[J]. International Conference on Engineering Psychology and Cognitive Ergonomics,2014:419-427.

[111] Hsu C K,Lin S C,Li W C. Visual Movement and Mental-Workload for Pilot Performance Assessment[C]. International Conference on Engineering Psychology and Cognitive Ergonomics,2015:356-364.

[112] 郭应时. 交通环境及驾驶经验对驾驶员眼动和工作负荷影响的研究[D]. 西安:长安大学,2009.

[113] 郭应时,马勇,付锐,等. 汽车驾驶人驾驶经验对注视行为特性的影响[J]. 交通运输工程学报,2012,12(5):91-99.

[114] 郭应时,袁伟,付锐,等. 基于注视转移模式的驾驶熟练程度评价方法[J]. 交通运输工程学报,2014,14(4):98-104.

[115] 张文会,李鹏辉,胡孟夏,等. 高速公路驾驶人超车过程视觉行为特性[J]. 清华大学学报(自然科学版),2014(9):1204-1208.

[116] 邓涛,罗恩晴,张艳山,等. 基于选择性注意的交通环境显著性及眼动特征研究[J]. 电子科技大学学报,2014,43(4):624-628.

[117] 牛清宁,周志强,金立生,等. 基于眼动特征的疲劳驾驶检测方法[J]. 哈尔滨工程大学学报,2015(3):394-398.

[118] Davis C G, Danaher J W, Fischl M A. The Influence of Selected Sector Characteristics upon ARTCC Controller Activities[R]. FAA/BRD-301, 1963.

[119] Stein E S. Air Traffic Controller Workload: An Examination of Workload Probe[R]. FAA/CTTN90/60, 1985.

[120] Lee P U. A Non-Linear Relationship between Controller Workload and Traffic Count[J]. Human Factors & Ergonomics Society Annual Meeting Proceedings, 2005, 49(12): 1129-1133.

[121] Flynn G M, Leleu C, Hilburn B. A Complexity Study of the Maastricht Upper Airspace Centre[R]. EEC Report No. 403, 2006.

[122] Gianazza D. Forecasting Workload and Airspace Configuration with Neural Networks and Tree Search Methods[J]. Artificial Intelligence, 2010, 174(7-8): 530-549.

[123] 叶晓林,杨海波.认知负荷对驾驶行为影响的眼动研究[J].交通信息与安全,2012,30(6):67-71.

[124] 王超,于超博.基于多生理参数的空中交通管制员认知负荷综合评估[J].科学技术与工程,2014,14(27):295-300.

[125] 王红勇,温瑞英,赵嶷飞.空中交通复杂性与管制员通话负荷的相关性研究[J].中国科技论文,2015,10(7):755-759.

[126] 靳慧斌,王丹,张颖,等.注视时长及扫视速度与管制负荷的关系研究[J].科学技术与工程,2015,15(20):252-255.

[127] 靳慧斌,洪远,蔡亚敏.基于交互指标的空中交通管制员工作负荷实时测量方法研究[J].安全与环境工程,2015,22(3):147-150.

[128] 温瑞英,王红勇.基于岭回归—BP神经网络的管制工作负荷预测方法[J].交通运输系统工程与信息,2015,15(1):123-129.

[129] 王东山,贺国光.交通混沌研究综述与展望[J].土木工程学报,2003,36(1):68-74.

[130] 殷礼胜.交通流量时间序列混沌特性分析及预测研究[D].重庆大学,2007.

[131] 韩敏.混沌时间序列预测理论与方法[M].北京:中国水利水电出版社,2007.

[132] Li S M, Xu X H, Meng L H. Flight Conflict Forecasting Based on Chaotic Time Series[J]. Transactions of Nanjing University of Aeronautics & Astronautics, 2012, 29(4): 388-394.

[133] 陈铿,韩伯棠.混沌时间序列分析中的相空间重构技术综述[J].计算机科学,2005,32(4):67-70.

[134] 杨志安,王光瑞,陈式刚.用等间距分格子法计算互信息函数确定延迟时间[J].计算物理,1995,12(4):442-448.

[135] 赵鸿,柴路,王浩,等.互信息在时间序列分析中的应用[J].应用科学学报,1996,14(1):48-52.

[136] 王海燕,盛昭瀚.混沌时间序列相空间重构参数的选取方法[J].东南大学学报:自然科学版,2000,30(5):113-117.

[137] Kennel M B, Brown R, Abarbanel H D I. Determining Embedding Dimension for Phase Space Reconstruction Using a Geometrical Reconstruction[J]. Phys Rev A, 1992, 45: 3403-3411.

[138] Wolf A, Swift J B, Swinney H L, et al. Determining Lyapunov Exponents from a Time

Series[J]. Physica D:Nonlinear Phenomena,1985,16(3):285-317.

[139] Barana G,Tsuda I. A New Method for Computing Lyapunov Exponents[J]. Phys Lett A, 1993,175:421-427.

[140] Rosenstein M T,Collins J J,Deluca C J. A Practical Method for Calculating Largest Lyapunov Exponents from Small Data[J]. Physica D,1993,65:117-134.

[141] 杨永锋,仵敏娟,高喆,等.小数据量法计算最大 Lyapunov 指数的参数选择[J].振动、测试与诊断,2012,32(3):371-374.

[142] 陈果.非线性时间序列的动力学混沌特征自动提取技术[J].航空动力学报,2007,22(1):1-7.

[143] 蔡晓妍,戴冠中,杨黎斌.谱聚类算法综述[J].计算机科学,2008,07:14-18.

[144] Petri G,Expert P,Jensen H J,et al. Entangled Communities and Spatial Synchronization Lead to Criticality in Urban Traffic[J]. Scientific Reports,2013,3(5):1224-1230.

[145] Braun R,Leibon G,Pauls S,et al. Partition Decoupling for Multi-Gene Analysis of Gene ExpressionProfiling Data[J]. BMC Bioinformatics,2011,12(1):1-19.

[146] 孔万增,孙志海,杨灿,等.基于本征间隙与正交特征向量的自动谱聚类[J].电子学报,2010,08:1880-1885+1891.

[147] 孙继广.矩阵扰动分析[M].北京:科学出版社,2001:146-160.

[148] Bak P,Tang C,Wiesenfeld K. Self-organized Criticality: An Explanation of 1/f Noise[J]. Physical Review Letters,1987,59:381-384.

[149] Bak P,李炜,蔡勖译.大自然如何工作—有关自组织临界性的科学[M].武汉:华中师范大学出版社,2001.

[150] 李艳双,曾珍香,张闵,等.主成分分析法在多指标综合评价方法中的应用[J].河北工业大学学报,1999,28(1):94-97.

[151] 蒋惠园,王晚香.主成分分析法在综合评价中的应用[J].武汉理工大学学报(交通科学与工程版),2004,28(3):467-470.

[152] 王勇,唐靖,饶勤菲,等.高效率的 K-means 最佳聚类数确定算法[J].计算机应用,2014,34(5):1331-1335.

[153] Kaufman L,Rousseeuw P J. Finding Groups in Data: An Introduction to Cluster Analysis [M]. New York:John Wiley&Sons,1990:23-42.

[154] 夏宁霞,苏一丹,覃希.一种高效的 K-medoids 聚类算法[J].计算机应用研究,2010,27(12):4517-4519.

[155] 李爱国,覃征,贺升平.时间序列数据的相似模式抽取[J].西安交通大学学报,2002,36(12):1275-1278.

[156] Agrawal R,Faloutsos F,Swami A. Efficient Similarity Search in Sequence Databases[C]. 4th International Conference Foundations of Data Organization and Algorithms, Chicago, 1993: 69-84.

[157] Chan K P,Fu A W. Efficient Time Series Matching by Wavelets[C]. 15th IEEE International Conference on Data Engineering,New York,1999:117-126.

[158] Korn F,Jagadish H V,Faloutsos C. Efficently Supporting Adhoc Queries in Large Dataset of

Time Sequences[C]. Special Interest Group on Management of Data, New York, 1997: 289-300.

[159] 张艳昌. 基于信息论的时间序列聚类算法研究及应用[D]. 大连:大连理工大学,2011.

[160] Sakoe H, Chiba S. Dynamic Programming Algorithm Optimization for Spoken Word Recognition[J]. IEEE Transaction on Acoustics, Speech, and Signal Process, 1978, 26(1):43-49.

[161] Myers C, Rabiner L, Rosenberg A. Performance Tradeoffs in Dynamic Time Warping Algorithms for Isolated Word Recognition[J]. IEEE Transaction on Acoustics, Speech, and Signal Process, 1980, 28(6):623-635.

[162] Berndt D J, Clifford J. Using Dynamic Time Warping to Find Patterns in Time Series[C]. Working Notes of the Knowledge Discovery in Databases Workshop, 1994:359-370.

[163] Keogh E, Pazzani M. Derivative Dynamic Time Warping[C]. 1st SIAM International Conference on Data Mining, Washington, 2001:1-11.

[164] Keogh E, Ratanamahatana C A. Exact Indexing of Dynamic Time Warping[J]. Knowledge and Information Systems, 2005, 7(3):358-386.

[165] 何晓旭. 时间序列数据挖掘若干关键问题研究[D]. 中国科学技术大学,2014.

[166] 韩啸,刘淑芬,徐天琦. 基于遗传模拟退火算法的改进 K-medoids 算法[J]. 吉林大学学报:工学版,2015,45(2):619-623.

[167] Macqueen J. Some Methods for Classification and Analysis of MultiVariate Observations[C]. Proceeding of Berkeley Symposium on Mathematical Statistics and Probability, 1967: 281-297.

[168] 贾瑞玉,宋建林. 基于聚类中心优化的 k-means 最佳聚类数确定方法[J]. 微电子学与计算机,2016,33(5):62-66.

[169] 杨善林,李永森,胡笑旋,等. K-means 算法中的 k 值优化问题研究[J]. 系统工程理论与实践,2006,26(2):97-101.

[170] 孙才志,王敬东,潘俊. 模糊聚类分析最佳聚类数的确定方法研究[J]. 模糊系统与数学,2001,15(1):89-92.

[171] Calinski R, Harabasz J, A Dendrite Method for Cluster Analysis[J]. Communications in Statistics, 1974, 3(1):1-27.

[172] Davies D L, Bouldin D W, A Cluster Separation Measure[J]. IEEE Transactions on Pattern Analysis and Machine Intelligence, 1979, 1(2):224-227.

[173] Dudoit S, Fridlyand J. A Prediction-based Resampling Method for Estimating the Number of Clusters in A Dataset[J]. Genome Biology, 2002, 3(7):1-21.

[174] Dimitrladou E, Dolnicar S, Weingessel A. An Examination of Indexes for Determining the Number of Cluster in Binary Data Sets[J]. Psychometrika, 2002, 67(1):137-160.

[175] Kapp A V, Tibshiranir R. Are Clusters Found in One Datast Present in Another Dataset? [J]. Biostatistics, 2007, 8(1):9-31.

[176] Zalik K R, Zalik B. Validity Index for Clusters of Different Sizes and Densities[J]. Pattern Recognition Letters, 2011, 32(2):221-234.

[177] 白素琴,吴小俊. 基于模糊聚类算法的有效性指标[J]. 江南大学学报:自然科学版,

2007,6(6):878-882.

[178] 徐涛,李永祥,吕宗平.基于航迹点法向距离的航迹聚类研究[J].系统工程与电子技术,2015,37(9):2198-2204.

[179] Kantelhardt J W, Koscielny-Bunde E, Rego H, et al. Detecting Long-range Correlations with Detrended Fluctuation Analysis[J]. Physica A: Statistical Mechanics and its Applications, 2001,295(3):441-454.

[180] Kantelhardt J W, Zschiegner S A, Koscielny-Bunde E, et al. Multifractal Detrended Fluctuation Analysis of Nonstationary Time Series[J]. Physica A: Statistical Mechanics and its Applications, 2002,316(1-4):87-114.

[181] Peng C K, Buldyrev S V, Havlin S, et al. Mosaic organization of DNA nucleotides[J]. Physical Review E, 1994,49(2):1685-1689.

[182] 吴建军,徐尚义,孙会君.混合交通流时间序列的去趋势波动分析[J].物理学报,2011,60(1):019502-1-019502-7.

[183] Mitzenmacher M. A Brief History of Generative Models for Power Law and Lognormal Distributions[J]. Internet Mathematics, 2004,1:226-251.

[184] Clauset A, Shalizi C R, Newman, et al. Power-law Distributions in Empirical Data[J]. SIAM Review, 2009,51:661-703.

[185] Cardosi K. Time Required for Transmission of Time-critical Air Traffic Control Messages in An En Route Environment[J]. International Journal of Aviation Psychology, 1993, 3: 303-313.

[186] Wu Y, Zhou C, Xiao J, et al. Evidence for a Bimodal Distribution in Human Communication [J]. Proceedings of the National Academy of Sciences, 2010,107(44):18803-18808.

[187] 燕保珠.眼动研究在网站可用性测试中的应用[D].北京:北京邮电大学,2011.

[188] 王凤娇.基于眼动数据的分类视觉注意模型[D].北京:北京交通大学,2016.

[189] Salvucci D D, Goldberg J H. Identifying Fixations and Saccades in Eye-tracking Protocols [C]. Proceedings of the 2000 Symposium on Eye Tracking Research & Applications, 2000: 71-78.

[190] Krassanakis V, Filippakopoulou V, Nakos B. EyeMMV toolbox: An Eye Movement Post-analysis Tool Based on A Two-step Spatial Dispersion Threshold for Fixation Identification [J]. Journal of Eye Movement Research, 2014,7(1):1-10.

[191] 张森,李京诚,徐守森,等.眼动仪的开发现状及其在运动心理领域的应用[J].首都体育学院学报,2007,19(2):43-45.

[192] 赵新灿,左洪福,任勇军.眼动仪与视线跟踪技术综述[J].计算机工程与应用,2006,42(12):118-120.

[193] Granger C W J. Investigating Causal Relations by Econometric Models and Cross-spectral Methods[J]. Econometrica, 1969,37(3):424-438.

[194] Niedermeyer E. Primary (idiopathic) Generalized Epilepsy and Underlying Mechanisms[J]. Clinical Eeg & Neuroscience, 1996,27(1):1-21.

[195] Tass P, Rosenblum M, Weule J, et al. Detection of n:m Phase Locking from Noisy Data:

Application to Magneto-encephalography [J]. Physical Review Letters, 1998, 81 (15): 3291-3294.

[196] Schreiber T. Measuring Information Transfer[J]. Physical Review Letters,2000,85(2): 461-464.

[197] M Lindner,R Vicente,V Priesemann,et al. TRENTOOL:A Matlab Open Source Toolbox to Analyse Information Flow in Time Series Data with Transfer Entropy[J]. Bmc Neuroscience, 2011,12(1):382-387.

[198] 马超飞.基于转移熵的神经电信号分析研究[D].上海:华东理工大学,2013.

[199] 井晓茹.基于符号转移熵和平均能量耗散的睡眠分期分析[D].南京:南京邮电大学,2012.

[200] 张淑清,贾健,高敏,等.混沌时间序列重构相空间参数选取研究[J].物理学报,2010, 59(3):1576-1582.

[201] Cao L. Practical Method for Determining the Minimum Embedding Dimension of A Scalar Time Series[J]. Physica D-nonlinear Phenomena,1997,110(1-2):43-50.

[202] Van Orden K F,Jung T P,Makeig S. Combined Eye Activity Measures Accurately Estimate Changes in Sustained Visual Task Performance[J]. Biological Psychology,2000,52(3): 221-240.

[203] Beatty,J,Lucero-Wagoner B. The Pupillary System[M]. Cambridge:Cambridge University Press,2012:142-162.